JN002154

潜在意識にまで透徹する
強烈な持続した
願望を抱いて
行動する!

稲盛フィロソフィで描いた夢を
アメリカのサプリメント事業で実現した日本人

スティーブ山田
Steve Yamada

文芸社

まえがき——ほぼ無一文でアメリカで立ち上げた会社がサプリ市場で成功する

「あなたはサプリメントを飲んだことがありますか？」

——そう聞かれて、答えるまでもなくほとんどの方が飲んだことがあるに違いない。ビタミンやミネラル、アミノ酸、プロテイン、コラーゲン、ＤＨＡ、グルコサミン……など、健康維持や美容、ダイエット、アンチエイジングなどに役立つサプリメントが星の数ほど存在し、気付けばサプリは現代社会の必需品の一つになっている。

もしかしたら、あなたが飲んだそのサプリ、メイプロが作ったものかもしれない。

ドラッグストアはもちろん、ネット通販やテレビショッピングで手軽に入手できることから、近年、栄養補助食品であるサプリメントの需要は大幅に伸びており、市場は拡大の一途をたどっている。

私がアメリカで一九七七年に起業し、二〇二二年に創業四五周年の記念の年を無事に迎えることができた「メイプロインダストリーズ」は、そんなサプリメント市場の黎明期から、主にサプリメントなどに使われる天然素材の供給を手掛けてきた。今日のサプリメント市場の急成長の一翼を担ってきたと自負している。

近年はネット通販を通じて数多くのサプリメントの販売も行っているほか、今もファインケミカル（精密化学品）や化粧品など各種原料の輸出入および販売も手掛けている。

本書を執筆している現時点において私の知る限り、アメリカで起業した日本人で、私が立ち上げたメイプロ以上の売上と合格範囲の利益率を出している人物はいないと思われる。

ただし、当然のことだが最初から順風満帆だったわけではない。お陰様で現在では、素材、最終ブランド製品、ダイレクト販売を国際的な規模で展開する〝垂直統合企業〟を目指すかなりの規模の会社となったが、私が化学品専門商社のニューヨーク駐在員としてアメリカに渡った時、財布の中身はわずか二〇〇ドルだった。

そこから猛烈に働いて貯めた資本金五〇〇〇ドルを基に起業し、曲がりなりにも成功に至るまでには波乱万丈のストーリーがあった。それでも挫けなかったのは、先日お亡くなりになった京セラの創業者で盛和塾の稲盛和夫塾長が説いたように〝潜在意識にまで透徹する強烈な持続した願望〟を心に抱き続け、後に紹介するメイプロフィロソフィにあるように〝思念は心に描いた通りになる〟と固く信じて、一心不乱に行動してきたからだ。

スポーツ界に目をやれば、野茂英雄さん、イチローさん、現役では〝二刀流〟の大谷翔平選手らのように、メジャーリーグで大活躍する日本人がいる。また、私の好きなテニスでは、二〇一四年に地元ニューヨークで開かれた全米オープンで錦織圭選手が決勝戦に勝ち進み、日本人のグランドスラム大会シングルス初優勝の期待を抱かせてくれた。

まだまだ私自身の挑戦も現在進行形であるが、四五年前に私がアメリカでサプリメントという未開の地を切り開いてきたように、勇気ある日本人が現れて欲しいものである。現在は私が挑戦した四五年前より遥かに起業しやすい環境にあると思うし、本書を読んで、ビジネスの世界で夢を実現したい、いつか外国で起業して成功したいと考える若者が一人でもいてくれたら、これほど嬉しいことはない。

本書は、山田進（やまだすすむ）というごく平凡な名前の青年が憧れのアメリカに渡り、スティーブ山田として徒手空拳で化学品やサプリメントなどを扱う会社を興して、全世界を相手に闘ってきた経緯と、ビジネスで成功するためのノウハウを記したものである。

超高齢化が進み、コロナ禍に加えて円安となり、今、日本は世界的に元気がないと言われている。しかし、日本人が秘めた力はこんなものではないと思う。若い人が大きな夢を抱いて挑戦し、新しい可能性をどんどん開拓して欲しい。

それでは、前置きはこれくらいにして、私の半生とメイプロの四五年間の歩みを振り返り、私なりの国際ビジネスの極意と経営哲学を語ることにしよう――。

目次

第二章　日米のサプリメント市場を切り開く！　36

第三章　異国の地ニューヨークでメイプロを起業する！　66

第四章　メイプロ成功の軌跡とビジネスの極意　94

第五章　稲盛和夫塾長との出会いと「稲盛経営一二カ条」　123

第六章　成功のための経営哲学――メイプロフィロソフィ――〈一〉　143

第七章　成功のための経営哲学―メイプロフィロソフィ―〈二〉　159

終　章　メイプロの国際化・多角化と将来の目指す道　176

潜在意識にまで透徹する強烈な持続した願望を抱いて行動する！

稲盛フィロソフィで描いた夢をアメリカのサプリメント事業で実現した日本人

第一章　アメリカへの憧憬を募らせた青春時代

◎第二次大戦下、バンコクの駐在員家庭に生まれる

一九七七年九月一日、海の向こうの日本ではプロ野球の巨人軍・王貞治選手がメジャーリーグのハンク・アーロン選手を抜いて、ホームランの世界新記録（当時）となる七五六号を樹立するのを人々が今か、今かと待ちわびていた頃、私は異国の地ニューヨークで「メイプロインダストリーズ」という化学品を取り扱う会社を起業した。

それ以前、ザラついたテレビの画面で有料放送の大河ドラマ「赤穂浪士」を見ていた私は、主君の敵討ちをすべく討ち入りを決めた赤穂藩士の大石内蔵助が約二年もの間、主君の敵討ちはしないとして放蕩三昧の日々を送りながら、周囲の目を欺き密かに着々と準備を進める姿に自分を重ね合わせていた。そして、赤穂浪士の吉良邸討ち入りの日を私自身の〝独立〟の日になぞらえ、大石内蔵助の立場に自らを置いて心の支えとしたのである。

同じ頃、『ロッキー』というボクシング映画が大ヒットしていて、主人公の負け犬ボク

サー、ロッキーを鼓舞するファンファーレのようなメロディーがあちこちで流れていた。独立という重圧に負けそうになった時、そのメロディーを聴くと励まされたものだ。

そうやって私はメイプロを起業し、サプリメント素材やダイエット食品素材、最終ブランド製品、ファインケミカルなどの化学品、および天然抽出物を扱う製造販売会社のトップとして今日まで四五年間、今も現役で一五〇カ国以上を飛び回ってビジネスをしている。今の成功もまだまだ夢の途中に過ぎず、ビジネスの世界で成し遂げたいことは山ほどある。

因みに、王選手が七五六号を記録したのは、二日後の九月三日のことだった——。


それからさらに遡ること三五年前、山田進は第二次世界大戦下の一九四二年一二月一九日、タイ王国の首都バンコクに生まれた。

名前は山田進だが、アメリカでは「スティーブ山田」と名乗っていて、気軽にファーストネームを呼び合う欧米では、「ススム」より「スティーブ」と呼ばれている。

なぜかというと、独立以前、化学品専門商社のニューヨーク駐在員時代、外国人は、〝ススム（SUSUMU）〟という綴りが発音しにくいせいか、なかなか覚えてもらえないという苦い経験をたくさんした。名前を覚えてもらうのはビジネスにおいて極めて重要だから、ススムのままではハンディキャップになるに違いないと思った。

そこで、〝S〟から始まる覚えやすいニックネームを考えた。

私は少年時代から映画が好きだったので、最初はスペンサー・トレイシーという『山』や『老人と海』などの名優の名を借りて、スペンサー・ヤマダにした。ところが、スペンサーという呼び名が定着する前に、スペンサー・トレイシーが亡くなってしまった。

そのため、『ブリット』や『タワーリング・インフェルノ』などに出演し、世界最高の出演料を誇った人気俳優スティーブ・マックイーンにあやかって、スティーブに変えた。マックイーンも亡くなってから四〇年以上経つが、幸いなことに彼が存命中にスティーブ山田が業界で定着し、以来ずっと、スティーブ山田と名乗っている。

◎母が語る豪華な海外暮らしに幼少時より憧れる

一八八七年に「日タイ修好宣言」が調印されるなど、タイは日本が修好条約を結んだアジアで初めての国であった。二〇世紀に入ると、戦前のアジア全域が欧米諸国の植民地となる中、残る独立国は日本とタイだけで、一九四一年一二月には「日泰攻守同盟条約」が結ばれた。その翌年一月、タイは米英に対して宣戦布告を行い、戦闘状態に入った。

父の利一郎は京都生まれで、総合商社「丸紅」のタイ法人の経営陣の一人だった。

私は四人兄弟の三番目で、兄と姉、そして妹は日本生まれだから、私は山田家で唯一の外国生まれだ。日本軍がまだまだ優勢だった頃で、同級生の男子には〝進〟はもちろん、〝勝〟や〝勇〟など日本の勝利を願って付けられた名前が多かったように思う。


なお、タイと関係が深い歴史上の日本人に、同じ山田姓の〝山田長政〟がいる。

中学時代、悪友たちに山田長政の子孫だと冗談を言って本気にされたこともあるが、山田長政は江戸時代初期、御朱印船で長崎から台湾を経てタイ（当時はシャム）に渡った。日本人傭兵隊に加わって頭角を現してアユタヤ郊外の日本人町の首領となり、両国の親善に努めるかたわら商船を派遣して貿易を行ってシャムの外交・貿易で活躍し、内戦を治めて国王の信を得て重臣となったそうだ。

そのあたり、父も貿易に従事していたという点で共通点があるだけでなく、日本を飛び出して異国で成功を収めたという点においては時代は違えど私と似た境遇であり、ただ単に苗字が同じというだけに留まらない奇妙な因縁を感じるのである。

バンコク時代、山田家は大邸宅に住んで豪勢な生活を送っていたという。使用人も父の運転手、料理人、子供たちの乳母、女中、庭師……と全部で七人も抱えていたそうだが、残念なことに生まれたばかりの私には当時の記憶はほとんどない。また、タイ人の乳母に世話をされていたせいか、私は日本語より早くタイ語を話し始めたというが、こちらも当然、今となっては全く覚えていない。だが、母の道子から教わったいくつかの単語を今もタイレストランで試してみては、ウエイトレスを困らせている（笑）。

日本に引き揚げて来た後、母からはバンコク時代に山田家がいかに優雅な暮らしをしていたかを幾度となく聞かされた。その中でも、母の口から語られるマンゴーやパパイア、ドリアン……など、見たこともない南国フルーツの名前に羨望を覚えた。

「マンゴーって美味しいよ！」

「ドリアンも美味しいけど、すごく臭いのよね」

――母がそう言う度に、満足に食べる物すらない戦後の日本で生活する子供にしてみれば、想像するだけで口の中が唾液で溢れたものだ。

彼女にとっても、おそらくそれまでの人生で一番楽しい時期だったのだろう。何度も何度もタイ生活の素晴らしさを楽しそうに私に語ってくれた。後で思い返すと、母の言葉は私が海外を目指す原点だったのかもしれない。きっと、母は知らず知らずの内に私の心に〝海外生活〟という名前の種を蒔いていたのだろう。

その種が芽を出すのは、約四半世紀後のことであった——。

◎家族で帰国後、京都と神戸で過ごした少年時代

一九四五年八月一五日に日本が戦争に負けると、われわれ日本人はタイの田舎にある抑留所に家族全員で収容された。解放されたのは翌年五月で、帰国後、山田家は父の故郷・京都に身を寄せる。私が三歳半の時であるが、当然、これも記憶にない。

父はその後、結核を患って入院する。恐らく引き揚げ船に乗っていた十数日間、ほとんど甲板で寝て過ごす生活で体が弱っていたのが原因ではないかと思う。


——さて、私の原体験は京都時代に始まる。

実家があったのは京都市の左京区下鴨梅ノ木町で、下鴨神社の北にある京都一中（現在の洛北高校）のフェンスを潜り込んで灌木の間で遊んだ記憶や、鴨川の土手、疎水端あた

りで過ごしていた時に咲いていた赤い鬼百合の花を鮮明に覚えている。

「その花は綺麗だけど、毒があるから触っちゃだめよ！」

傍にいた同居していたおばさんにそんな風に注意されたのを微かに記憶している。

やがて病状が良くなった父は、退院すると丸紅の京都支店で働き始めた。

そして、私が小学校一年生の時に神戸支店に転勤となり、ゴムその他の物資担当として働いた。私は東灘区の住吉町にある丸紅の社宅で育ち、父の退職後、本庄町に転居した。

私が住吉小学校の高学年だった頃、残念ながら父の結核は再発して再び入院を余儀なくされ、そのまま一九五五年二月に他界した。

私には父の良い記憶はあまりない。帰国後は仕事をしているか、病院に入院しているかのどちらかであったのだから、それも仕方のないことか。それでも、丸紅の社宅で育ち、海外から届いた手紙の切手を収集したり、船会社の進水式に父と行ったりと、国際貿易の環境下で育ったことは後の私に大きな影響を与えたであろうことは間違いない。

結核にならなければ、それなりに出世して常務、専務ぐらいにはなっていただろうに、さぞ無念であったことと気の毒に思う。

父の死後、母は父の退職金とわずかばかりの貯蓄を元手に自宅に八部屋を増築した。母の実家は彼女が子供の頃に下宿人に部屋を貸していたそうで、それを思い出した母は食事、洗濯、掃除付きの下宿屋を始めた。当時、若い下宿人がたくさんいて騒々しかったが、下宿人にもいろいろな人がいるものだから後年の勉強にもなった。

母が下宿屋を営んでくれたお陰で、私は中学卒業後も就職する必要が無く、高校、大学と進学することができた。母が働けなかったら、私は中卒で造船会社の養成工にでもなっていただろう。そのことを母に大変感謝している。

賄い付きの下宿屋を始めたくらいだから母は快活な人で、いつも私を褒めてくれた。普通の母親は我が子に、「勉強しなさい!」「宿題はちゃんとやった?」などと小言をたくさん言うものだと思う。私の友達など母親に叱られてばかりでいじけていたが、母は私を叱ることはなかった。いつも、「健康ならそれが一番!」と言っていた。

きっと、父が病気がちで苦労したからだろう、健康には常に気を遣ってくれていた。

◎一〇歳の知能テストで「精神年齢一九歳」と判定!?

そんなある日、住吉小学校の五年生の時のことだが、学校で知能テストがあった。数日後、母も学校に呼ばれて親子で結果を聞くことになった。

すると、担任の先生はこんなことを言った。

「進君の精神年齢は二九歳です」

普通は知能指数（ＩＱ）を教えてくれるものだと思うが、その時、なぜか先生は精神年齢を教えてくれた。その言葉を聞いた私は心の中で喜んだ。

〝そうか！　俺の知能は二九歳か。だから勉強しなくても成績がいいのか！〟

当時、私は大した勉強もせず、試験勉強も一夜漬けで学年全体でも常に二番、三番の好成績をキープしていた。幼い子供にとって、そんな先生の言葉は、勉強しなくても成績上位という状況が偶然でないことの裏付けを得たようなものだった。

因みに、常に一番になる生徒は決まっていて、彼自身も優秀で勉強熱心だったが、両親も教育熱心だった。後に彼は名門私立中の灘中学校に進学した。私も灘中に行ったらどうかという話も出たが、私立で学費が高いことから断念した。

こうして二九歳の知能と言われた私は、〝自分は秀才、いや、天才かもしれない、勉強などしなくてもいい。努力などしなくても大丈夫だ〟などという完全に誤った考えを持ってしまった。後に出会う稲盛和夫塾長が知っておられたら、烈火のごとく叱られ、もっと努力することを学び、神戸高校、東京大学と進んでいたかもしれない。

それ以来、予習、復習などすることもなく、先生の話もあまり聞かないようになってしまう。中学に進学しても同様で、試験勉強も一夜漬けという悪癖を続けていた。それでも成績は常に学年二番、三番を維持していたから、学校が終われば全く勉強しない悪ガキどもとごんた（いたずら、腕白の意味）ばかりをしていた。

この〝慢心〟が続き、稲盛塾長が言うところの〝謙虚にして驕らず〟に至るまでには長い年月がかかってしまったのである。

◎真面目に勉強しないせいで〝数学〟が苦手に

それでも、否応なく高校受験の季節がやってくる。

かつての旧制中学時代、東京府立一中（現・日比谷高校）、愛知一中（現・旭丘高校）神戸一中（現・神戸高校）は〝一中御三家〟と呼ばれるほど日本屈指の名門校だった。学制改革でいずれも高校となったが、私はその御三家の一つで、毎年、東京大学に何十人も合格者を送り出しているような兵庫県屈指の進学校である神戸高校に合格した。

もちろん、試験前の一夜漬けで楽々合格することができたのである。

しかし、入学試験の少し前、受験指導の女性教師がこう言ったのを覚えている。

「山田君はおそらく合格するでしょう。でも、入ってからきっと苦労するわよ」

その時は全くピンとこなかったのだが、入学してから分かった。先生は私のことをさすがによく観察しており、その〝予言〟は的中したのである。

エリートが集まる神戸高校には、当然、兵庫県全域から英才が集まってくる。みんな勉強のやり方を心得ていて、予習、復習はもちろん、授業中も先生の言うことをしっかり聞いている。言わば勉強の〝定石〟を実践しているわけだが、一方の私は授業中も先生の話を聞いていなかった。予習なんか全然しないし復習もしない、当然、宿題もやらない。

あっという間に一夜漬けだけで乗り切れる状況ではなくなったのである。

それが如実に表れた科目が数学だった。国語や英語はまだましだったが、最初の試験の数学の成績は学年六〇〇人中、何と四五〇番であった。中学までは五本の指に入っていたのが、いきなり三桁の下の方だから相当ショックを受け、すっかり数学コンプレックスになってしまった。思春期とは恐ろしいもので、それ以来、コンプレックスの塊になってしまい、払拭するのに長い年月がかかったのである。

◎アメリカへの憧れが強くなった神戸高校時代！

一方で、両親が私の心に種を蒔いた海外志向が明確になってきたのも神戸高校時代であった。神戸高校はＡＦＳ（アメリカンフィールドサービス）の奨学金制度に加盟していた。これは、毎年、数名の留学生を一年間アメリカ各地の家庭に送り込み、ホームステイしながら現地の高校で勉強するという制度だった。

選ばれた留学生が帰国後、英会話の先生と流暢な英語で話しているのを見て海外に住みたいという幼い頃の憧れに火が点いた。帰国した留学生がみんな長髪になっているのにも憧れた。ある時、アメリカを視察してきた校長先生が全校生徒を集めて講演したのだが、校長先生はアメリカが如何に素晴らしい国かを私たちに滔々と語ったものだ。

そこで親しくしている下宿人のＳさんにリンガフォンのテープを貸していただいて必死に英会話の勉強を始めた。さらには少しでもアメリカ文化に触れたいと思い、当時、英会話を教えていたＡＣＣ（アメリカ文化センター）に通うようになった。

もう一つ、私のアメリカへの憧れを盛り上げたのが当時のハリウッド映画だ。放課後や休みの日には、三宮にある映画館によく足を運んだ。

思春期の青年にとって、エリザベス・テイラーやオードリー・ヘップバーンといった女優は同じ人間とは思えないほど美しかった。しかも、映画の登場人物が住んでいるのはプール付きの大邸宅で、男たちはキャデラックやシボレーなど大きな車を乗りこなし、家の中には冷蔵庫やカラーテレビ、洗濯機などが完備していた。アメリカが一番輝いていた〝黄金の五〇年代〟であり、まるで総天然色の夢のような世界だった。

当時の日本はと言えば、近くに住む丸紅の専務が「テレビ（白黒）を買った！」と大騒ぎになって、みんなで見に行っていた時代である。彼我の差はそれほど大きかった。

さらに言えば、当時、ステーキと言えばクジラ肉のステーキくらいしか思い浮かばないのに、彼らアメリカ人は肉汁したたる分厚いビーフステーキや、口に入りきれないような大きなサンドウィッチを美味しそうに食べていたのである。

貧しい日本とはまるで比較にならないくらい豊かな生活がそこにあった。戦後の黄金期のアメリカの先端科学、経済力などに憧れたのも事実だったが、言わば美女と食欲が、私のアメリカ生活に対する憧れをますます強くしたと言っても過言ではない。

◎将来のアメリカ暮らしを夢見て神戸外大に入学

アメリカへの憧れを抑え切れなくなった私は、大学進学の際、当時、〝日本三大国公立外国語大学〟の一つと言われていた神戸市外国語大学（以下、神戸外大）を選択した。それがアメリカに行く一番の近道と思ったわけだが、神戸外大は自宅から通学できる距離でもあったし、自分の学力とも相談した結果であった。

なぜなら、受験科目の中に私の不得手な学科が数学Iしかなく、しかも八〇〇点満点のうち、数学Iの配点は一〇〇点だったからだ。

〝これなら他の科目を頑張れば、数学のマイナスをカバーできるに違いない〟

もちろん、夢をかなえるため、これ以上はできないというほど勉強したが、この作戦は功を奏し、倍率一八倍にもかかわらず無事に合格することができた。この時すでに私は、弱点を戦略で補うというテクニックを体得していたようである。

ところが、そこから先は勉学に集中すればいいものを、昔からついつい好きなものには夢中になってしまう性格なもので、大学時代に一番熱中したのはテニスだった。四年後の就職活動の際に自分が苦労することなど、この時の私は知る由もなかった。

上皇陛下が皇太子時代、正田美智子さん（現在の上皇后）とテニスを通じて出会って結婚されたことが〝テニスコートの恋〟と呼ばれ、日本中にテニスブームが巻き起こった頃だ。私も流行に便乗して硬式テニス部に入部したところ面白くなってしまい、その後もテニスは一生を通じて楽しむスポーツとなった。

あえてテニスをやったことのメリットを挙げるとすれば、部活の猛練習で鍛えられたせいか後年の激務の連続にも耐えられる基礎体力を培うことができた点と、今も続く英語読書会その他の交友である。

一方で勉学の方はというと、第一外国語は当然、英語だが、第二外国語はスペイン語を選択した。当時、何かで見た南米のアルゼンチンやブラジルの河川域に広がる広大な〝パンパ〟と呼ばれる草原に憧れて、将来、行って見てみたいと思うようになったからだ。

スペイン語学科の授業にも顔を出し、夜は芦屋にあるセイドー外国語学院でスペイン語会話も学んだ。お陰で卒業する頃にはスペイン語の読解ができるようになっていた。何ごとも勉強すれば無駄になることはないもので、後の南米とのビジネスで役立っている。

ロシア語も選択したものの、何かと学生にあまい先生だったために身に付かず、やはり語学の先生は厳しい方が力が付くと思ったものだ。

◎得意の英会話を駆使してガイド業で高収入を得る

神戸外大三回生の時の一九六三年、難関と言われる国家試験の通訳案内業試験（ガイド試験）に合格した。この時に合格した三名のうちの二名は英会話クラブ（ＥＳＳ）の所属で、運動部所属の合格者は私一人だったものだから鼻が高かったのを覚えている。

東京オリンピックの前年ともあって、日本に興味を持ってやって来る外国人も多く、三回生の夏から東京オリンピックが開催される四回生にかけては外国人向けのガイドのアルバイトに励んだ。日本を訪れたアメリカ人、オーストラリア人たちは当然、関西にも足を延ばして来るので、英会話ができる日本人は引く手あまたとなった。観光バスでやって来た五〇人くらいの外国人ツアー客を京都や奈良へガイドしたものだ。清水寺や苔寺（西芳寺）、金閣寺など名所旧跡を案内しながら、日本の歴史や文化を紹介するわけだ。

その頃、一日のガイド収入が四三二〇円で、月収にして一〇万円ほど稼いだこともあった。当時の大卒の初任給が二万五〇〇〇円だったと思うが、学生の身分でサラリーマンの四倍もの所得があったことになるから、大いに浮かれて遊んだものだ。

ガイドの他に英語の塾教師のアルバイトもしていたし、そごう百貨店に外国のお客様が来た時の通訳や、アメリカ人ドラマーが違法なマリファナを吸って逮捕された時に検事が調書を作る際の通訳などを手掛けたこともある。

調子に乗った私は大学卒業後も就職せず、このままずっとガイドを続けようかと思ったことがある。その話を丸紅勤務の兄・宏にすると、〝ガイドは水商売だぞ！〟と猛反対された。私は泣く泣く諦めたが、兄の言葉は一年も経たない内に現実となった。

一九六四年の東京オリンピックが終わると、日本経済は一転して不況に陥る。ガイドの仕事に専念していたら兄の言葉通り困窮していたに違いない。いや、それどころではなく、一気に就職難の時代が到来したから大学四回生にとっては地獄のようなものだった。

希望としては父や兄、姉と同じ丸紅、あるいは伊藤忠（創業者の伊藤忠兵衛氏の奨学資金をいただいていた）などの大手総合商社に入りたかったが、そうした総合商社はどこも採用を手控えてしまった。就職は狭き門となり、テニスとガイドばかりやっていたせいで成績表に「優」の数が少ない私には大きな逆風が吹いた。

当時、就職を諦めて留学することも考えて願書を出した。実際、アメリカのインディアナ州にある名門ノートルダム大学に合格することができたのだが、航空運賃を捻出することができずに断念した。その時の口惜しさも忘れることはできない。

◎東京五輪後の就職難の中、化学品専門の商社に就職

熱心に就職活動を続けたが、結局、大手総合商社には入ることができず、化学品専門の中堅商社のC社に入社することができた。

ただし、転んでもただでは起きないのが私の得意技で、大手総合商社に入社できなかったからと言ってアメリカ行きまで断念したわけではない。何の策もなしにC社を選んだわけではなく、C社を選んだのには、しっかりした理由があった。

化学品専門商社ではC社はトップスリーに入る会社であったが、それ以上に私がC社を

選んだ大きな理由は、ニューヨークをはじめ香港やロンドンなど海外に駐在員事務所があることだった。当然、私が目指すのはニューヨークだが、こうした駐在員事務所があることは、私にとって何物にも勝る大きな魅力であったのは間違いない。

C社に入社すれば、いずれはアメリカに行けるチャンスがある。言わば、起死回生のチャンスをもらったようなものである。

しかも、そのチャンスをつかむ確率は、もしかしたらライバルが桁違いに多い大手総合商社より高いかもしれないと思った。社員数が多ければ、いわばエリートの通過点とも言えるニューヨーク駐在員の座を巡る争いは過酷なものとなるに違いないが、社員数がそれほど多くなければ、倍率は自ずと低くなるというものだ。

結果として、私の考えは正解だったことが後に判明するのであった——。

第二章　日米のサプリメント市場を切り開く！

◎経済学と化学と簿記・会計学の勉強に励んだ新人時代

化学品専門商社のC社に入社した私は、大阪支店の輸出部に配属された。

文字通り化学品全般を専門に扱う輸出部なので、総合商社の化学品部のような担当品目の制限や業務上の制限というものがなく、全ての商品を自由に扱うことができるのは幸いであり、また、やりがいもあった。貿易に関する実務もほとんど全て自ら経験できることから、化学品貿易の仕組みを真剣に勉強できたのも好都合であった。

仕事に励みながらも、当然、私のゴールはニューヨーク駐在員である。

しかし、四〇〇人ほどの社員の中でニューヨーク駐在員の座をつかみ取るのは一人か二人で、トップ中のトップのエリート社員であることは間違いない。大手総合商社よりは広き門かもしれないが、それでも極めて狭い門であるのは確かだ。

そこで私はニューヨーク駐在員に選ばれるための策を練ったわけだが、まずは選ばれるための能力作りが必要ということで、自分をスキルアップさせることにした。

最初に、私は語学系の大学出身なので経済に関する知識が足りないと考えた。そこで、あらためて経済学を学ぶ必要があると思い、大阪市立大学（現・大阪公立大学）の経済学部に学士入学した。大阪市大の経済学部は、一橋大学、神戸大学と並んで〝旧三商大〟の一翼を担っており、私はそこで経済学を基礎から学んだ。

神戸大学経営学部にも合格したが、通学時間的に授業に間に合わないことと、出席を取るのであきらめた。また、人類のためには資本主義が良いのか、共産主義がいいのか、マルクス経済学の総本山である大阪市大で学ぼうと考えたことも理由の一つであった。

週の内の四日は授業があり、終業時間の五時に会社を飛び出して六時に到着し、一〇時半まで講義を受けた。ただ、これは今だから言えるが、卒論を書く時間がなくて、神戸外大時代に書いた「国際通貨基金の研究」という論文を焼き直しして、お酒が好きで、ゼミではいつもほろ酔い気分のY教授に提出したものだ。

なお、社会人なのに夜間大学に通うことのメリットは、学生割引を享受できることに他ならない。東京出張への切符代を学割で買ったり、映画その他のチケットも学割で買ったりして、結果的に授業料以上の金額をひねり出したのである。

◎同業者の上を行くため必要な化学の知識を学ぶ

経済学の習得だけではまだ足りないと考えた私は、化学品の知識も必要と考えた。

当時、私は化学品輸出部に所属していたので、海外から工業化学品を買いたいという引き合いがくると、いろいろな事典や本で調べて製造しているメーカーを探し出してコンタクトを取り、交渉して契約するという仕事をしていた。

その際、名前は知っているけれど特性まではよく分からない化学品の名前が上がることがある。使われている原料やどういう化学反応でできあがるのか、どんな効果があるのか……など、化学品の知識を体系化しておくのは仕事に欠かせない能力だ。

何事も体系的に勉強するという傾向もまた私の性格の一つであり、体系的に理解できていればどんな話をされても理解できるし、理解できれば応用も利く。

もちろん、C社にも大手商社にも化学を専攻した社員がたくさんいる。当然、メーカーにも化学に詳しい人間がたくさんいる。そんな中で頭角を現すには、一流大学の化学専攻の卒業生と同等かそれ以上の知識を得る必要性を感じた。

そこで社会人でも化学の知識を学べる学校がないか探したところ、大阪市立工業研究所（現・大阪産業技術研究所）が見付かった。

現在は分からないが、当時、大阪市立工業研究所には中小化学会社の人間を対象に大学工学部卒業程度の教育をする講座があって、私はそこで学ぼうと考えた。

ところが、大阪市立工業研究所の講座対象者は中小化学会社の社員であって、商社の社員は資格がないと断られてしまった。しかし、それで諦めるような私ではない。どんな環境でも解決方法を見出すのが私の真骨頂であり、取引先の薬品会社の社長さんにお願いして形だけの社員にしてもらって申請したところ、無事に入学を許された。

たとえ進路を絶たれようとも、知恵を絞って千に一つ、万に一つの活路を見いだす……それは誰にも負けない努力の成果であると同時に、どんな時でも頭を働かせてアイデアを生みだすことがビジネスの最適解であることを私は理解していた。

二五歳から一年間、仕事をしながら大阪市立工業研究所で講義を受け、工学部化学専攻と同等の知識を獲得した。大阪市立工業研究所の先生方は、国公立大学の助教授クラスの研究者だったので講座内容は大学工学部の授業と変わらないレベルで、化学品の原料や化学反応の仕組み、効果効能などを学んだ。

実際、ビジネスの現場で、ある化学品の名前が上がった際に、営業マンの立場でその化学品の原料や化学反応の仕組み、効果効能などを披露できると周囲から一目置かれる。時代劇の剣豪が、決闘相手から〝お主、やるな!〟と言われるようなものだ。

◎社会人四つ目の学校で簿記一級と工業簿記レベルを学ぶ

C社で働きながら経済学、化学を学んだ私だったが、さらにもう一つ必要な知識があることに気が付いた。それが簿記会計である。

神戸外大でも講座を取ったが、〝簿記なんてものは学問ではない、単なるテクニックに過ぎない〟と考えていた私は熱心に勉強しなかったし、大学の先生も教え方が不親切であった。だが、仕事をしていると簿記会計は必要な知識だと身に染みて分かった。稲盛和夫塾長が、「簿記会計が分からなくては会社経営などできない」と言われる所以である。

出金伝票一つ書くにも、最初は貸し方・借り方がどちらかよく分からなかった。これはやはり体系的に勉強するしかないと考えて、二六歳で大阪市大の商学部に再び学士入学することになった。それが社会人として三つ目の学校になる。

一九六九年四月から大阪市大商学部で勉強を始めたものの、三カ月ほど通った頃、東京本社の輸出部担当者が退社したため、突然、私に東京本社への転勤命令が下った。そのため大阪市大は中退した。だが、勉強を続けるため、上京後も神田にある簿記学校に一年半通った。非常に丁寧な教え方をする先生方に恵まれて簿記一級と工業簿記を勉強した。

この時に簿記会計の基礎を身に付けたことは、もちろん後の仕事でも役に立ったが、何よりアメリカで起業するに当たって大いに役に立ったことは書いておきたい。現在もアメリカのＣＰＡ（公認会計士）の会議やＭ＆Ａを追求する弊社の会議で役立っている。

就職後も、私は大学院、ビジネススクールを含めて五つの学校で計一〇年にわたって学び続けることになったが、夜間大学、専門学校などで学ぶことは私の生活習慣ともなったようで、渡米後もさまざまな学校に学んで知識を貪欲に吸収したのである。

こうして私は、ニューヨーク駐在員の座を懸けたエリート営業マンによるサバイバルレースに勝利を収めるため、必要な知識を万事怠りなく身に付けていった。

化学品業界に営業マンは星の数ほどいるけれど、化学品、経済学、簿記会計の三つ全てを網羅している人は少ない。業界の人間は化学品の分野には強いけれど経済学には詳しくないし、簿記会計もできないことが多々ある。ということは、この〝三種の神器〟を全て網羅していれば、社内的にも対外的にも相当なアドバンテージになるということだ。

もちろん知識の吸収も重要だが、何よりライバル以上に好成績を出さなければいけないから、とにかく猛烈に働いた。東京本社の化学品輸出部は大阪よりも規模が大きく、日本の資源であるヨウ素の輸出業務や、その他の幅広い化学品の輸出を担当した。

当時は日本の高度経済成長期の終わりの頃だったが、サラリーマンはみんな猛烈に働いた。後に〝二四時間戦えますか?〟という栄養ドリンクのコマーシャルが話題になるが、私は当時から他人より多く働き、また時間の許す限り専門知識を吸収していった。

◎一六歳からの夢だったニューヨーク駐在員を拝命

その頃には、私は東京輸出部でかなり重宝がられ、なくてはならないスタッフの一人になってきたと感じていた。しかし、年齢も二〇代後半に差し掛かってきて、私より若いスタッフがニューヨーク駐在員を命じられたり、香港やロンドンの駐在員に選ばれたりすることもあって、次第に私は焦りを感じ始めていた。

〝このままではニューヨークに行けないかもしれない……〟

そう考えて不安になった私は我慢できず、ある日、部長に直談判した。

「いつまでも経ってもニューヨークに行けないのであれば、退社して別の機会を追求したいと思います。いつ行けるのか明確にして下さい！」

そんな私の燃えたぎる熱意が通じたのか、常務決裁で一九七一年二月のニューヨーク赴任がついに決定したのである。

〝やったぞ！　これでアメリカに行ける‼〟

ようやく念願が叶った私は喜びを抑え切れず、心の中で何度も飛び上がった。

――幼少時に母から海外生活の素晴らしさを聞かされたことや、神戸高校時代に帰国した留学生が話す流暢な英語を羨ましいと思ったこと、三宮の映画館で観た映画の中の美しいハリウッド女優やアメリカの生活・文化に憧れたことなどが次々と思い出された。

これで夢が叶ったと安堵したものだが、よくよく考えてみれば、当時はまだまだスタート地点に立ったに過ぎないことを、その時の私は知る由もなかった。

さて、渡米するにあたって、私には一つ大事なことを決めておく必要があった……それが〝結婚〟という人生の中でも特別大きなイベントである。

今でこそアメリカに骨を埋めてもいい気持ちになっているが、当時はまだそこまで考えていなかった。夢はアメリカで、その先の人生は想定の範囲外だったからだ。

ようやく決まったニューヨーク駐在員の期間は、最低でも五年であろう。

その時、私は二八歳だったから、帰国した時には三三歳になっている。今でこそ全然遅くない結婚年齢ではあるが、当時のサラリーマンはたいてい二〇代半ばまでには結婚していたものだ。ひょっとすると結婚の機会を失してしまうのではないかという不安に駆られた私は、せっかくなら、結婚してから渡米した方がいいと考えた。

しばらく前から、理由はよく分からないが、私はなぜか社長夫人に気に入られていて、いろいろな縁談の話をもらっていた。しかし、その中に私の興味を引く女性はいなかったのだが、ある日、私の前に一人の女性が現れた。

それが東京輸出部で私の斜め前に座っていた吉川紀子である。

彼女は四歳年下で、気が利いていて仕事もできる優しい女性であった。いつも私のデスクを綺麗に掃除してくれて、鉛筆もしっかり削ってくれていた。それだけでなく、寒い冬には座布団を作ってくれて、夏には浴衣が届くし、バレンタインデイには大きなチョコレートをもらい、とうとうノックアウト寸前の状態であった。

いつしか彼女と交際を始めた私は、ニューヨーク赴任が決まると勇気を出して彼女にプロポーズした。彼女も「イエス」と言ってくれたことから、ニューヨークに転勤する約一カ月前の一九七〇年一二月に結婚式を挙げた。

これは余談だが、私と紀子の結婚までの交際期間は一年半といたって普通だが、別の意味で一つの記録を作ってしまった。社内での二人のデスクが斜め向かいの位置にあったせいである。これはC社における社内結婚の〝最短距離記録〟となったのである。

予期せぬ結婚記録を作った私は新天地アメリカでの生活に夢と希望を胸に抱えて、紀子を日本に残して意気揚々と単身、アメリカ東海岸に渡った。

〝新婚なのになぜ単身赴任？〟と思われるかもしれないが、当時、駐在員は一年間は単身赴任というのが決まりだった。しかし、社長夫人が新婚の私たちをかわいそうに思って半年にしてくれたため、紀子は翌年半ばに私を追ってアメリカにやって来た。C社には大変お世話になったのに、会社を辞めてしまって今も申し訳なく思っている。

◎早くも〝人種の坩堝〟ニューヨークの洗礼を受ける

忘れもしない一九七一年二月、私は飛行機に乗り込み、太平洋を越えてアメリカ大陸の西の端、ロサンゼルスの空港に到着した。結婚式とグアムへの新婚旅行にほとんどの貯金を使い果たし、その時、私の財布の中にはわずか二〇〇ドル、当時のレートで約七万円しか入っていなかったのは今となっては笑い話だ。

そんな寂しい懐事情を忘れてしまうほど、私の心は希望に満ちていた。

〝いつか必ず偉大なる夢の国アメリカへ行く〟

——一六歳から抱き続けてきた夢を、奮闘努力の末に二八歳でやっと実現させたのである。実に感慨深い一瞬であった。と同時に、一つ思ったことがある。

約一〇時間の空の旅を終えて西海岸ロサンゼルスの空港に到着して、今度はそこから国内線で東海岸のニューヨークに向かう。するとまた五時間もかかるのだ。

〝アメリカという国は何て大きいんだ！〟

国土の端から端まで五時間もかかるのだから、本当にデカい国だなあというのが憧れのアメリカに抱いた第一印象であった。

同年二月には、アポロ一四号が三度目の月面着陸に成功する一方で、一九六四年から続くベトナム戦争ではアメリカの敗色が濃厚になっていた。世界経済に目をやると、ニクソン大統領が米ドルと金との交換を停止したことでドルの価値は揺らぎ、八月には一ドル＝三六〇円の固定相場制が廃止されて変動相場制に移行するなど激動の年であった。

また、ジョン・レノンの名曲「イマジン」が大ヒットしたのは同年秋のことだった。

余談だが、ニューヨークの空港から地下鉄に乗ってマンハッタンのアパートまで行く途中、白人、黒人、黄色人種、ラテン系……と実にさまざまな人種がいた。まさにニューヨークは〝人種の坩堝(るつぼ)〟であった。しかも、当時のマンハッタンはあちらもこちらも汚れていて、道路はデコボコで、その上、治安も良くなかった。

舗道にはゴミが散乱し、犬の糞を踏んだことも一度や二度ではない（笑）。当時、ボトルマンと言って、すれ違いざまにワインのボトルを落とし、ボトルが割れたから弁償しろと高額を請求してくる輩や、見えないように上着にケチャップをかけて、「ケチャップが付いてるよ」と言って、上着を脱いだ隙に財布を取るスリもいた。

マンハッタンを歩いている時に怪しい人物が視界に入ると避けてジグザクに歩く癖がついてしまった。正直、私自身はあまり注意深い人間ではないし、後で記すが、常に潜在意識の底まで仕事のことを考えているため、表面的にはボーッとしているように見えることが多い。幸いなことに命に関わる事件に遭遇したことはないが、空港のバス・カウンターで鞄を盗まれたり、バスの昇降口で財布を盗まれたりしたことも多々あった。

◎化学品の貿易業務以外にマグロなどの輸出業も!

私はC社の米国法人の化学品担当マネジャーに赴任した。当時、ビッグビジネスはあまり存在せず、新米駐在員の私はいろいろなビジネスを手伝った。

もちろん、化学品専門商社なので仕事の中心は化学品で、新しいファインケミカルの輸出入会社としては初めてのバルクケミカルのパーセルタンカーによる輸出等を手掛け、一時は米国法人の粗利益の六〇パーセント以上を稼ぎ出したものだ。

米国法人の社長は〝脱ケミカル〟を謳うアイデアマンだった。化学品と全く関係のないビジネスにも盛んにチャレンジしようとしていて、私は社長の下で化学品以外のビジネスでもさまざまな経験を積んでいった。

その中から二、三、興味深いビジネスを紹介しておこうと思う――。

まず、私自身が一番面白いと思ったのが〝生本マグロ〟の日本への輸出である。

〝なぜマグロの輸入？〟と読者の方は思われるであろうし、正直、私もそう思った。だが、もともと探求心が強い方だから、興味津々で試してみることになった。

ニューヨークの北、東海岸のボストン沖でスポーツフィッシャーマンと呼ばれる人たちがこぞって船に乗り、趣味でマグロを釣っていた。

彼らはいかに大きなマグロを釣るかを仲間と競っていて、釣ったマグロの写真を撮ったらマグロ自体にはもう興味がない。そもそも日本のように生魚を食べる習慣は当時のアメリカにはなかったから、釣ったマグロはみんな船主の所有物となるのだ。

そこで、船主はマグロを日本人の水産物業者に売ってお金儲けをすることになる。

T漁業やN社のような大手の水産物業者と、我々のような新参者が入り混じったバイヤーが港で船が帰ってくるのを待っている。船主は金額に関する嗅覚がとりわけ優れていて、一生懸命働いてゲットしたマグロを一セントでも高く売りたいと考えていた。

仮にT漁業がポンドあたり八〇セント、N社が八五セント出すとして、私が「九〇セントで買う！」と伝えると、彼らは「OK！」と言って私に売ってくれる。

――これはまさしく稲盛塾長が言われる〝値決めは経営〟である。

そしてマグロの頭と尻尾を切って腸（はらわた）を出した後、氷を詰めた箱に入れて日本に空輸し、東京の築地市場でセリにかける……これほど面白く、スリリングな仕事はなかった。

◎相場を知ることで他社を出し抜くことができる！

このビジネスにおいて一番大事なこと、いや、このビジネスに限ったことではないが、いの一番に必要な情報は常に値動きするマグロの〝相場〟を知っておくことだ。

どんな商品にも相場があるように、マグロの値段にも相場がある。たくさん獲れれば相場は下がるし、獲れないと上がる。その相場を見極めることが何より大事である。マグロは頭と尻尾を取ると約三〇〇ポンドで、買値は品質にもよるけれど一ポンド一〇ドルとすると一尾は三〇〇〇ポンド程度なので三〇〇〇ドルの値打ちだから、五匹だと一万五〇〇〇ドルと結構な額になる。コストが一〇〇〇〜一五〇〇ドルで、儲かる時は儲かるけれど、損する時は損するビジネスだ。

一方で、彼らフィッシャーマンにとってはマグロ釣りは趣味なので、中には、マグロを釣った後に一杯飲んで、一晩中、水の中に漬けておいて翌日帰って来る船もある。そうすると品質が劣化しているので、マグロの品質を見極める方法も非常に重要である。

相場と品質――この二つが売上を上げるために必要な情報なのだが、実はそれ以外に不確定要素があることも頭の片隅に入れておかないといけない。

品質が良いマグロが買えても、飛行機が上昇する際にマグロを入れた氷詰めの箱から水が零れ、飛行機の電気系統がショートして途中で不時着したケースもあった。また、日本到着目前で台風に遭遇し、羽田空港にランディングできずに韓国の釜山や仁川に着陸せざるを得なかったこともある。すると、冷蔵庫が用意されていないから腐ってしまう。ようやく難関を乗り越えて無事に日本に着いて築地市場でセリにかけたところ、日本近海でマグロが大漁だったことから相場が一気に下がったこともあった。

シーズンは毎年六月から九月で、その間、儲かった、損した、儲かった、損した……と波があって、シーズンの最後に〝今期は×千万円儲かった（損した）〟という商売でもあった。私が従事したのは約三年だが、T漁業、N社などの専門業者を抑えて私がナンバーワンになったこともある。我々のビジネスにおいていかに相場が大事かを学ぶこともできて非常に役に立ったし、あれほどスリリングな商売はないと今も思っている。

このように、最後の最後まで予想できないギャンブル的な要素があるのがマグロビジネスの醍醐味であり、また面白さでもあった――。

◎自転車の販売で詐欺に遭い、レンズ売買で成功！

もう一つは、大型詐欺事件に発展した日本製自転車の販売である。

日本の有名自転車メーカーのアメリカ代理店を営んでいる韓国人がいて、C社がファイナンシングして彼が自転車を売り、コミッションをもらうというビジネスだった。

ところが、自転車を売っているのは事実として、大きなマーケットを持っている顧客とコネクションがあると彼は主張していたのだが、今一つ信用できなかった。

私と米国法人社長が彼の事務所を訪ねて話をしていると、突然、電話が鳴った。

「ハーイ、×××」などといかにも親しそうに話を始め、しばらく話をすると、「じゃあ、ワイフによろしく」と言って電話を切って、得意気に私たちを見た。

「今、一万台の注文が来た」

彼はそう言って笑い、私たちは〝これは本当だ〟と納得してファイナンシングした。

数日後、彼は私たちを信用させるために倉庫に招待した。二万～三万台の自転車が収められたという段ボールの箱が積まれ、総額一〇億円くらいだろうと彼は自慢した。

この時点でどうも怪しいと思った私は、勇気を出して倉庫にある段ボール箱の山に登ってみた。すると、突然、箱の中に足がズボッと入ってしまった。なんと空箱だったのだ。他にも、自転車が七台入るはずの箱に三台しか入っていない段ボール箱もあった。

二万～三万台の在庫など全くのデタラメどころか、前述した電話も、実は隣の部屋にいる部下が電話をかけてきたのだった。結局、この案件は詐欺事件と判明し、我が社には何億円もの不良債権ができてしまい、私は自転車を担いで売りに行ったものだ。

逆に成功したビジネスには、セキュリティーカメラ専用のレンズの輸入販売がある。

当時、アメリカのセキュリティーシステムはかなり発達していたので、ユダヤ系アメリカ人の人間を雇って売買をスタートさせたところ、大きな成功を収めた。

この時、私の興味を引いたのは彼の給料だ。当時の日本人の給料は安く、米国法人社長も年一万五〇〇〇ドルだったが、彼はその倍の三万ドルももらっていた。

「給料の安い人間が給料の高い人間を雇うっていうのも変な話だなあ」

そう言って、米国法人社長はよく愚痴をこぼしていたものだ。

ニューヨークは別名を〝ジューヨーク〟と言われるくらいユダヤ人（Ｊｅｗｉｓｈ）が多い町である。ニューヨーク市の人口は約八四〇万人（二〇二〇年）だが、その約四分の一はユダヤ系だ。日本人はユダヤ人に偏見を持っている人が多いようで、それはシェイクスピアの戯曲『ヴェニスの商人』に登場する高利貸しシャイロックのイメージだろう。

一般的にユダヤ人というと、日本人は〝お金にシビアでがめつい〟と思っている人が多いが、ユダヤ系アメリカ人もさまざまである。私がお世話になったソフトカプセルメーカーのユダヤ系オーナーは、後に私が起業したときにいろいろな商売を世話してくれた。弁護士、会計士、医者など知的な職種にユダヤ系は多く、みんな立派な人物である。

私自身もユダヤ系のお客様とのビジネスの機会は多いし、偶然だが二人の娘の結婚相手も共にユダヤ系である。一人はハーバード大学の博士号を持っていて、もう一人はコロンビア大学の経営大学院を出ており、有難いことに二人とも優秀な人物である。

◎執念の末に実を結んだ天然ビタミンEビジネス

さて、いよいよ当時の私の本業であったファインケミカルビジネスについて語ろうと思うが、中でも印象的だったのが、私の性格を端的に表している次のエピソードだ――。

インターネットやEメールもない一九七二年のある日、新規ビジネスの開拓意欲にあふれていた私は、思い立って、日本からの輸出を推進するジェトロ（日本貿易振興機構）のニューヨークオフィスを訪ねて、担当者にこう申し出た。

「化学製品関連の問い合わせがあったら、ぜひ私に回して欲しい！」

大手総合商社の駐在員からは一度もそんな依頼を受けたことがないと言ってジェトロの担当者は驚いた。彼は私の熱意に心を動かされたようで、こう約束してくれた。

「分かりました。もし、化学製品関連の問い合わせがあったら連絡します」

数週間後、諦めかけていた私に、彼から電話が入った。

それは〝d－α－トコフェロール〟という化学成分を日本から供給できるかという内容だった。正直に言うと、その時、私は日本のメーカーどころか、その化学成分も知らなかった。しかし、この機会を逃してはならないと思い、悩む間もなく即答した。

「はい、供給できます。どこの会社が何のために使うか教えていただけますか？」

そう訊ねると、問い合わせてきたのはニュージャージー州にあるメンネン社というパーソナルケア製品を扱う会社で、新規プロジェクトで何に使うかは教えられないという。

早速、私はさまざまな文献や辞典を調べた結果、〝d－α－トコフェロール〟が大豆油粕から採れて、抗酸化剤に使われる〝天然ビタミンE〟であることが分かった。そして、それを供給している日本の大手メーカー、E社を探り当てた。

稲盛塾長も創業間もない頃、大企業から難しい規格のセラミックの見積もりの要望を受けると、技術的にできるかどうか分からないのに「できます」と言って注文を取ったそうだが、やはり、人間は必死になると同じようなことをするものだ。

◎訪問途中の車のラジオから衝撃のニュースが！

私はすぐさまE社に連絡したのだが、商社を介した販売はしないと拒否された。しかし、それで諦めるような私ではなかった。その後も四、五回ほど熱心にE社の門を叩き、彼らが私を介して販売することでいかに利益を上げられるか強く訴えた。

当然、私はそれまで一度もメンネン社を訪問したこともなく、ましてや購買担当ディレクターなど知らなかったが、過去にメンネン社とは多くの取引実績があるとか、メンネン社の購買担当ディレクターは家族ぐるみの友人だというような〝嘘〟も駆使した。

前述の自転車販売業者の手法を真似したようなものだが、営業トークということでお許しいただきたい。何度断っても粘り強く連絡してくる私に根負けしたのか、ついに輸出担当部長がニュージャージーにあるメンネン社を訪問すると言ってくれた。

それがKさんで、彼は第二次世界大戦中に日本から海外向けに放送していたラジオ局の英語アナウンサーをしていたそうだ。いわゆる〝東京ローズ〟の同僚である。

さて、Kさんの訪米まで、私はメンネン社へ二度ほど車を運転して経路を頭に叩き込んだ。なぜなら、私は方向音痴だからで、何度もメンネン社に足を運んでいるはずの私が、Kさんをお連れする途中で地図を確認するわけにはいかない。

そして、メンネン社の購買担当ディレクターとのアポイントも取り付け、私はアメリカにやって来たKさんを車に乗せてメンネン社に向った。ところが、その車中でたまたま聞いていたラジオから、とんでもないニュースが飛び込んできたのである——。

「本日、FDA（アメリカ食品医薬品局）は、メンネン社が新しく開発した天然ビタミンE配合の抗酸化製品の発売中止命令を出した」

実に間の悪いニュースを聞いて、私は非常に驚き、かつ動揺した。

「なんてことだ！　Kさん、今のニュース聞きましたか？」

当然、英語に堪能なKさんはニュースの内容を理解していた。私は内心かなりうろたえながら、とにかくメンネン社の購買担当ディレクターに挨拶だけでもしようということになり、そのままKさんと二人でメンネン社に向かい、受付まで足を運んだ。

しかし、メンネン社の受付係は、冷酷にも私たちにこう告げた。

「このプロジェクトは中止になったため、お会いすることはできないとのことです」

無情な購買担当ディレクターからの伝言に、私たちは仕方なくメンネン社を後にした。

◎天然ビタミンEの販路開拓で成功を収める！

当然のことだが、その時の私は他に天然ビタミンEを必要としている会社など知らなかった。でも、帰り途、私はKさんに他の顧客を紹介させて欲しいと頼み込んだ。

幸いKさんは私の情熱を気に入ってくれたようで、E社の天然ビタミンEの取引を続行することに同意してくれた。そこで私は必死で業界を調べ上げ、アメリカに天然ビタミンEを購入している会社が四社（現在は三〇社以上）あるのを突き止めた。

その中からチェイス・ケミカルとファーマキャップの二社をピックアップした。

当初、この二社は〝日本の天然ビタミンEなど買いたくない〟という厳しい返答であった。ちょうど、今日の日本の対中国製品アレルギーと似ているかもしれない。

それでも負けずに私が何度も訪問した結果、チェイス・ケミカルのトム・タウシックという購買部長が新規取引をしてくれることになり、最終的にE社の天然ビタミンEを一ドラム購入してくれた。また、ライオネル・ボーカンというファーマキャップ社のオーナーも私を気に入ってくれて、天然ビタミンEをE社からC社を介して購入してくれることになったのである。

——あの時、私があっさり諦めていたら、今のメイプロはなかったかもしれない。

ビジネスでは最初からうまく行くことなど滅多にない。トラブルが起きたからといってすぐに諦めたらそれで終わりだ。そんな時でも下を向かずに前を向いて、ギリギリまで次善の策を捻り出して粘り強く交渉すれば道が開けることもあると確信した。

これは後に詳しく触れる私なりの経営哲学をまとめた「メイプロフィロソフィ」の重要なテーマとなった。即ち、「**チャンスはすべての人に与えられる。ただチャンスを待つのではなく、強烈な願望と情熱を持って自らチャンスを作りだす努力を続けることも大切**」であり、どんな困難な状況下でも諦めずに挑戦するのは大事なことだ。

また、欧米の格言に「チャンスの女神に後ろ髪はない」とあるように、チャンスを見逃してしまったら二度とつかむことはできない。この出来事から私は、チャンスを与えられたら死に物狂いでつかまないといけないことを身に染みて実感した。また、稲盛塾長からも〝もうダメだと思った時が仕事の始まり〟と教えられたものだ。

◎他人と同じことをしていては勝利は得られない！

当時、ニューヨークでは日本人商社マンのゴルフ大会「ケミカル会」が毎月開かれており、大手商社の営業マンはみんな息抜きのつもりでリラックスしてゴルフをしていた。

しかし、私にとっては業界でも著名で後に社長、副社長になるような化学品貿易の猛者と知人になり、かつ学ぶチャンスであり、後に起業後も仕事の機会をくれた方々と知り合いになれるチャンスでもあった。また、競合ライバルの分析をするチャンスでもあった。

参加者が雑談をしている時でも、私は彼らの言動をしっかりモニタリングして、〝あいつが出てきたら褌を締め直さないといけない〟〝あいつはいい加減だから大したことないぞ〟と分析して、頭の中にあるチェックリストにしっかり書き留めておいた。

同様のことは業界の展示会などでも言える。

たとえば、展示会でライバル会社がブースを出しているとすると、たいていの営業マンは競争相手のブースにはいかないものだ。だが、私はあえて行くようにしている。

会社と自分の名前を出す時もあれば、名前は出さず単なる営業マンを装う時もあるが、担当者と話をしながら、この会社は×××を売りたい状況にあるか、あるいは売りたくないのか探って、同時に営業担当者の能力、知識のレベルも推し量る。

そうした情報を基にお客様のところに伺うと、「×××の価格はもっと安い」と言うかもしれないし、逆に「高い」と言うかもしれない。そこで駆け引きになるわけだが、私はライバル会社の状況と能力を事前に調べ上げているから駆け引きには乗らず、ベストプライスを探ってライバル社よりも多少低い価格で買う（売る）ようにする。

お客様はハッピーで、我が社もハッピーという、まさにウィンウィンで終わらせることができる。これは正に稲盛塾長が教えられている〝値決めは経営〟である。

そのためにも、営業マンはライバル会社の担当者の能力と価格を常にチェックしておかないといけないのである。


私がこうしたビジネスの極意ともいうべきノウハウを得たのには、大手総合商社で悠々と仕事ができたからではなく、業界二、三位の化学品専門商社だったからだと思う。

大手総合商社であれば、例えば、有機化学品部門の石油化学品部第一課第一部の卸製品の第三課だとすると、極端な場合、扱う商品が一品目だったりする。それに比べてC社の駐在員はとにかく取扱商品の幅が広く、相手にする人間も人種もさまざまだった。

もう一点、彼らは会社の名前で勝負しているが、こちらは大手総合商社ほど知名度はなく個人の力量が試された。当時、たいていの日本人駐在員に負けないと自負していた。

◎仕事の傍ら、ビジネススクールでＭＢＡを取得

念願の地ニューヨークで働いていても、私の向学心は留まるところを知らなかった。日本ではビジネススクールという存在も、ＭＢＡ（経営学修士）という資格の存在もあまり知られていなかった頃、ある日、マンハッタンを歩いていると、ニューヨーク現地法人のすぐ近くにバルーク・ビジネス・スクールというＭＢＡの資格を取れる大学院があることを知った。どうしても向学心を抑えきれなくなった私は受験してみることにした。

しかし、受験してみて判明したのだが、試験が非常に難しかった。英語の試験もとにかく長時間をかけて行われた。あまり良い感触がなかった私は、学長に手紙を書いた。

〝私は×月×日に受験しましたが、おそらく英語の試験の点数が悪かったと思います。でも、数学の点数を見て下さい、一〇〇点に近い数字でしょう。これは私の頭が悪くないということの証です。ですから、大学院で勉強するチャンスを与えて下さい。あなたがチャ

ンスを下さるなら、私は自分が優秀なことを証明できます〟

今思うと、神戸高校の数学は米国の大学院よりレベルが高かったのかもしれない（笑）。

その手紙が決め手となったのかどうかは定かではないが、私は合格できた。

32歳の時にニューヨークのバルーク・ビジネス・スクールでMBAを取得する

日本では直訴するようなケースは敬遠されることが多いが、アメリカでは自己主張は非常に大事だ。だから、〝自分は優秀だ〟〝人とは違う〟とアピールする。そして、優秀と認めた人間には門戸を開く。よく〝アメリカはチャンスの国〟と言われるが、そういうことである。

――こうして私は、三二歳の時にＭＢＡを取得したのである。

思い返してみると、私の場合、自己能力のアップ……自分の持って生まれた資質を少しでも上げようと考えて何度も学校やセミナー、講座に通った。人間、これで十分と思ったら進歩はないわけで、自己能力の向上をしなければ何も起こらない……逆に言えば、自分の能力が上がれば新しい世界が目の前に広がると私は思った。

先に書いたが、このようにいろいろなチャンスを与えてくれたC社には中途退社したことを申し訳なく思っているし、何時の日かご恩をお返ししたいと考えている。

第三章　異国の地ニューヨークでメイプロを起業する！

◎駐在員生活の中で生まれたアメリカ永住の決意！

昼は商社の仕事をして、夜はビジネススクールに通う――そんな二重生活のように過酷な駐在員生活を続けて、気付けば渡米してから六年以上の月日が経っていた。

この間、先輩の駐在員が退職して起業したり、同業他社の社員が退職して会社を興すという経験を何度かした。面と向かっては「頑張れよ！」と言って応援するのだが、正直、〝半年、あるいは一年も続けばいい方じゃないか〟と心の中では思っていた。

ところが、それから三年ほど経ってみると、彼らの会社はみんな立派になっていて、気になる所得はというと、なんと私の五倍くらいになっている人もいた。

〝ひょっとしたら自分だって起業できるんじゃないか？〟

仕事やプライベートで彼らと顔をつき合わせていて、私はそう思うようになった。もちろん、当初は単なる願望、夢のようなものだったのかもしれない。

ある時は〝俺だってできる！〟と思うが、そのすぐ後で〝ここはアメリカだ。俺はアメリカ人でもないし、お金もないし、独立なんて無理だ〟と思って諦める。でも、また別の日になると、〝よし、やってやろう！〟と意気込んでみる。ところが、そのまた翌日は〝何を馬鹿なことを考えているんだ。目の前の仕事を頑張ろう〟と思い留まる。

――そんなことの繰り返しで、気付けば時間ばかりが過ぎていた。その時の私にはまだまだ〝潜在意識にまで透徹する強烈な願望〟はなかったのかもしれない。


私自身、最初の三年間は出張以外に一度も日本に帰ることはなかったと記憶している。半世紀前のことだが、今のようにインターネットのない時代は日本を身近に感じられる機会は滅多にない。マンハッタンの横を流れるハドソン川を眺めて、〝この水は遥か彼方の日本と繋がっている〟と、望郷の念で涙を流した駐在員もいると先輩から聞いた。

また、毎年二月の中旬になると、仏教会館という施設でＮＨＫ「紅白歌合戦」の上映会が行われた。ＶＨＳもない時代なので日本から取り寄せたフィルムで上映していたように思う。当然のことだが、よく知っているヒット曲を人気歌手が歌う姿を見ていると、私もさすがに郷愁を感じてポロポロと涙を流すこともあった。当時、日本食のレストランもあったけれど、日本の店ほど美味しくはなかったし、また、値段も高かった。

◎本社から帰国命令を受けた瞬間、独立を決断

普通の駐在員であれば、平日は仕事をして、夜はマンハッタンのピアノバーに行ってお酒をたしなんだり、週末にはゴルフを楽しんだり観光をしたりと、五年くらいニューヨークにいて帰国するものだ。独立を決断する人はごくまれだったし、帰国すれば出世間違いなしで定年まで安泰なのだから、独立なんて馬鹿げているというのが常識だろう。

でも、その頃からだろうか……私は出張で短期間なら日本に帰りたいと思うことはあっても、帰国して日本に定住することに対してはあまり乗り気ではなくなっていた。

もともとアメリカに対する憧れから就いた駐在員の仕事だし、給料も四、五倍になったし、仕事も日本時代の一〇倍くらいはできるということで、このままずっとアメリカに住んでいたいという気持ちが強くなった。しかし、駐在員のままアメリカに居続けることは無理なので、やはり独立するしかないと考えるようになっていった――。

そんな一九七七年二月のある日、遂に私に半年後の帰国命令が出た。この瞬間、私は心の中で独立の決意を固めた。まさに、稲盛和夫塾長が言うところの〝潜在意識にまで透徹する強烈な願望〟が生まれた瞬間であった。

〝独立したい。しかし、それには資本金が必要だ……〟

まずは妻に打ち明けた。当然、妻はリスクの高い決断に反対するに違いないと予想していた。夫から「会社を辞めて独立する」と言われたら、たいていの奥さんは反対するのではないだろうか。しかし、驚いたことに妻は「やりなさい！」と言って賛成してくれた。

「今やらなかったら、『あの時やっておけば、成功していたかもしれない……』と、私は一生愚痴を聞かされるでしょう。そんな愚痴を聞くくらいなら、実行して失敗した方がましです。失敗してもあなたはまだ三四歳、いくらでも仕事はあるから大丈夫！」

そう言われて、私は彼女の度胸の良さに驚き、同時に感謝したものだ。

事業を始めるにはとにかく資本金が必要だ。当時、毎月約四五〇ドル、年収にして約五四〇〇ドル（約一六〇万円）を得ていた。日本のサラリーマンよりは多かったが、アメリカの水準と比べると遥かに低かった。日本経済が急成長して、大手企業の駐在員の給料も上がり、アメリカ人より高給になっていったのはずっと後だったと思う。

既に私たちの〝ケチケチ生活〟が始まっていた。毎月の給料の中から二〇〇ドルずつ貯金して資本金に回すと決め、徹底的な質素倹約生活を送るようになったのである。

その頃、NHKの大河ドラマ「赤穂浪士」の主人公・大石内蔵助に成り切って世を欺き、苦渋の日々を送っていたことや、落ち込んだ時は映画『ロッキー』の勇壮なテーマ曲に励まされたことなどは、冒頭に書いた通りだ。

◎独立を決めた瞬間から二重の孤独感に襲われる！

独立を決断したものの、やはり、当時は何度となく恐ろしさに襲われた。

子供も娘が三人いて、長女が六歳、次女が四歳、三女はまだ一歳だった。小さな娘たちをしっかり育てて教育を受けさせてあげられるのかという責任感と不安に苛まれた。

もちろん、その時は大石内蔵助の心境で心の中には大きな夢を抱えていたが、いざ挑戦しようと決断すると、ものすごい恐怖感に襲われたのである。

その恐怖感とは、二重の孤独感であった――。

一つ目は、会社人間の日本人は会社に対する帰属意識が強いということだ。私とて例外ではなく、退職するということは会社という頼りになる〝大樹〟の陰から追い出されて、バックボーンも何もないただの日本人になる。

しかも、残された人間からすれば〝辞めた人間は憎たらしい〟〝もう付き合いたくない〟と思う人もいるわけで、これればかりは人間の感情だから仕方のないことだ。

それ以上の孤独感は、日本という祖国から切り離されてしまい、もはや天涯孤独の〝根無し草〟になってしまったという感覚であった。もちろん、私は日本人であることには変わりはないのだけれど、日本と縁がなくなったという感じがした。

もしこれが日本に住んでいたら、会社を辞めて起業するにしても会社関係の知人以外にも親類や友人がいて、会おうと思えばいつでも会えるから孤独を感じることもない。

しかし、ここは日本から遠く離れたアメリカである。親類はもちろんいないし、友人はいるけれど、ほとんどは駐在員の友人で、前述したように退職したことを良くないと思う人もいるだろうし、何より、任期が終わればみんな日本に帰ってしまう。

会社から離れて自分が属する集団がなくなり、完全な〝一匹オオカミ〟になってしまうのである。そういう意味でものすごい孤独感に襲われていくのであった。

そんな二重の孤独感に襲われていた私に追い打ちをかけるように、一九七七年七月一三日、ニューヨーク中が一斉に停電になった。いわゆる〝ニューヨーク大停電〟である。一三日の午後九時三四分に発生した大停電は、翌日の午前七時頃まで九時間以上にわたって続いた。およそ九〇〇万人が被害を受けたという歴史的事件だった。

その晩は本当にたまらなく心細かったのを覚えているし、当時の私が追い込まれていた状況とも相俟って、その晩のことを思い出すと今も背筋が寒くなる。

暗い部屋の中で妻と二人で三人の娘たちの横に座ったまま、停電がいつ終わるかという心配だけでなく、この先に待ち受けている運命への不安に駆られて恐ろしくなった。

〝俺はこの先、一体どうなるんだろう〟——と。

◎異国の地でメイプロインダストリーズを起業する！

夫婦で節約生活を続け、ようやく五〇〇〇ドルの資本金と家族五人が二年間は〝餓死〟しないだけの貯蓄を捻出し、自宅に二つあるベッドルームの半分を事務所にして、電話二本、タイプライター一台と中古自動車一台で起業したのは一九七七年九月一日だった。故郷・日本を離れ、海外生活への憧れを胸に抱いてアメリカの地を踏んだ日から六年と七カ月の歳月が流れていた――。

社名は「メイプロインダストリーズ（ＭＡＹＰＲＯ　ＩＮＤＵＳＴＲＩＥＳ）」と決めたが、まずは〝メイプロ〟と決めた理由から説明したい。

会社を設立する時は誰でも、将来、大きな会社になることを夢見て、立派で格好良い名前を付けよう、あるいは、覚えやすい名前にしようと考えるに違いない。特に国際的な仕事をしている会社の場合、〝×××インターナショナル〟や〝ユニバーサル○○○〟といったワールドワイドな名前にしがちである。

実際、私も例えば〝ヤマダインターナショナル〟など、いろいろな名前を二〇個ほど考えて調べてみたところ、全て登録されていた。そもそも山田という名前自体がよくある苗字なので、それに何か付け足そうとすれば自ずと似てしまう。ちなみに、ある日、小さな日本料理店に行って割り箸をもらった際に、袋の裏を見たら〝ＹＡＭＡＤＡ　ＩＮＴＥＲＮＡＴＩＯＮＡＬ〟と書かれていて思わず笑ってしまった。

こうして山田に言葉を付け加える方法に行き詰まり、違うやり方を考えた。

そこで閃いたのがタイヤメーカーのブリヂストンである。ブリヂストンタイヤの創業一族は石橋家で、石＝ストーン、橋＝ブリッジの前後を入れ替えて作った造語である。

そのやり方を、私の名前の山田の綴り（YAMADA）で試してみることにした。〝YAMADA〟を二つに分けると、〝YAM〟と〝ADA〟で、〝YAM〟を引っ繰り返すと〝MAY〟になる。まずはこの〝MAY〟が使えないかと考えた。

次に私の日本語のファーストネームは進で、進むは英語でプログレス（PROGRESS）である。プロフェッショナル（PROFESSIONAL）という意味も込めて、〝PRO〟の3文字が気に入った。まずは〝PROMAY〟という名前を考えて友人に感想を聞いたところ、語呂が悪いと言われてしまったので、逆にしてみた。

〝MAYPRO（メイプロ）〟……これならいいんじゃないか、実際に口にしてみても語感は悪くないし、六文字だからシンプルで覚えやすいと思った。

「メイプロ」という社名が決まった歓喜の瞬間であった――。

◎メイプロの〝MAY〟は娘の名前からもらった⁉

社名をメイプロと決めてから、後付けでいろいろな意味を考えた。

その一つが、メイプロのメイは、メイフラワー号（MAYFLOWER）を意味するというものであった。そもそもアメリカは一六二〇年にヨーロッパで弾圧を受けた清教徒らが新天地を目指してやって来たことから生まれた国であり、彼らが乗った帆船こそメイフラワー号である。弾圧こそ受けていないが、新天地を夢みる気持ちは私と同じだ。

これは実にアメリカ人受けするネーミングだったようである。

もう一つの後付けは、長女の名前が〝MAYUMI（真由美）〟であるということ。アメリカの学校に通っていた彼女のニックネームが〝MAY（メイ）〟で、私は起業した時から長女に跡を継いで欲しいとも考えていたので、社名に〝MAY〟とあれば彼女も会社に入ってくれるだろうという思いを込めた。

念願かなって長女は二〇二一年に入社してくれたが、それはまた別の話である。

名前というのは実に面白いもので、子供の名前もそうだが、最初はしっくりこなくても、何度も呼んでいる内に馴染むものだ。メイプロも、ほんの少し前まではどこにも存在しない名前だったにもかかわらず、私が口にして、家族が口にして、社員や取引先の方々も口にして、四五年も言い続けていると、いつしか耳に馴染んでしまう。

もちろん、造語なので意味が分からないという人がほとんどだが、由来を説明すると納得して気に入ってもらえることも多い。苦心して考えた甲斐があるというものだ。

◎最悪の事態を想定して必死に働いた創業の日々

不退転の決意で会社を作ったものの、いざ起業してみると、即座に残酷な現実に直面した。毎日、毎日、必死になって顧客開拓のために知人や友人、あるいは新規の会社に電話をしたり、テレックスを発信したりしても、注文は全く来ない。来るものと言えば請求書ばかりで、わずか五〇〇〇ドルの資本金は徐々に減っていくのだった。

孤独感と恐怖感、飢餓感に襲われながら、不安を感じる余裕もないほど馬車馬のように働いた。とにかく働いて、働いて、一ドル、一セントでも利益を取るしかない。そうは思っても注文書なんてものはなかなか来ないのであった。

アメリカは広い。なのに、創業当時は飛行機で出張することもできなかった。また、アシスタントも雇えなかったので、サンプルをパックして郵便局から発送する作業を自分で行わなければならず、また、経理業務も自分でしなければならなかった。コンピューターのない時代だったので、週末を使いマニュアルで帳簿を付けていたが、多くの間違いを犯し、その間違いを探すのに長時間を費やしながら損益計算書と貸借対照表を作った。

私のストレスレベルは常に高く、午前三時頃（日本時間の前日午後五時）にテレックスがガンガンと音を立て始めても私はまだ眠りについていなかったが、テレックスは良い内容ではないことが多かったので、それを見たら結局眠れなかったに違いない。時として良い知らせもあったが、その時は興奮してやはり眠ることができなかった……。

創業した当時、メイプロの業務はファインケミカルと呼ばれる付加価値が高く、ハイテクでハイバリューの精密化学品を日米間で輸出入するというものだった。

起業するに当たっては、前職であるC社の商圏には触らないと決めていた。たいていの場合、独立する人間は前職の取引先を抱えたまま、いわば顧客を奪う形で起業する人が多いと思う。しかし、私はそういうことは一切やりたくなかった。

私が起業するに際して作った資本金はC社からいただいた給料の中から捻出したものだし、これまで一二年半仕事をさせてもらい、家族五人で何不自由なく生活させてもらったのはC社のお陰で、非常に感謝している。だからこそ、世話になったC社に後ろ足で砂をかけて飛び出すようなことは絶対にしたくないと決めていた。

もちろん、前職で関わりのあった取引先の中には私を気に入ってくれていた人もいる。既存の仕事を奪うことはしないが、私を贔屓にしてくれていた人が新しい仕事を頼んできたのならその限りではない。その一人が前述したファーマキャップ社のボーカン社長で、彼は新規の商売をいくつか紹介してくれたので、私は感謝して仕事を受けた。

何よりサラリーマンを辞めて痛感したことは、私の人生から〝給料日〟が消えたことである。これまで毎月、当然のように入ってきた月給が入って来ないという状況は堪えた。健康保険もないし、それ以上に社会保険も全てなくなったことから、もう戻れないサラリーマン生活の有難さをしみじみ感じたものである。

追い込まれた私は、この時点で三つの最悪の事態とその対処法を考えた。

一．最悪の事態は倒産することか？

いや、仮に倒産しても、私はまだ三四歳。学歴も職歴も十分立派と言えるので、きっとどこかの会社に就職できるはずだ。

二．私が突然、何らかの理由で死んでしまうことか？

いや、私が死んでも生命保険がかかっている。家族は悲しむだろうが、生命保険で受け取る金額と妻が仕事に就くことで、貧乏かもしれないが娘たちは何とか育つだろう。

三．一番起こって欲しくないケースは何か？

それは私が交通事故に遭遇するか、あるいは想定外の病気になって、寝たきりの植物人間になってしまうことだ。収入を得られなくなるどころか、生涯、家族に迷惑を及ぼす存在となる。そのような状況は精神的にも、経済的にも耐えきれない。そう思って、そんな状況に陥った時でも最低限の収入が得られるよう収入保障保険を探し出して加入した。

◎サプリメントに目を付けたことが成功への分岐点

生まれつき用心深い私は、起業後、日本の小規模な化学品専門商社の米国駐在員業務を請け負ったり、C社を退職した先輩駐在員の仕事を手伝ったりして、少額でも定期的な収入を受け取れる体制は作っていた。しかし、経済的に十分な金額ではなかった。

とにかくお金がないから、展示会に参加するのもコストがかかるので、周囲の一番安いモーテルに宿泊して展示会に行き、買いたい人を探すといった方法を実践していた。

とにかくこの苦境から逃れる方法は注文を取って収入を上げることしかない。それには人の三倍、週に一〇〇時間以上働くことだと自分に言い聞かせて、申し訳ないが子育てなど家族の世話は全て妻に任せて、ただただ長時間、身体が動く限り働いた。

当時、C社時代の先輩で文房具を扱っている人がいたので、最初の何年か、私は彼の文房具販売を手伝っていたこともあった。また、神戸高校時代の友人にジャズのレコードコレクターがいて、買い手を探し回って売るという仕事を手伝ったこともある。


自分では能力はあると思っているが、今から思うと大した能力でもないし、資本金もあまりない。そうなると、いわゆる得意技に傾注しないと生き残ることはできない。

そこで自分の得意技が何か自問自答したところ、私の一番の得意技は、日本語が話せて日本人の営業マンの心も分かるし、サービスができるという点だった。そこで、やはり日本企業を相手にビジネスをした方がいいと考えて、アメリカに販売拠点を持たない日本企業をリストアップして、重点的に営業活動を始めた。

そんな中でＴ製薬会社のタウリンを取り扱ったことがある。Ｔ社は当時、アメリカに現地法人がなかったからだ。また、Ｄ製薬会社も同様にニューヨークに現地法人がないのでビタミンを取り扱った。一方、Ａ社やＫ社は事務所はあって、両社とも医薬品は扱っていたけれど、当時、サプリメントは扱っていなかった。

こうして日本企業を相手に私ならではのサービスを提供することにした。英語は堪能だし、日本流のビジネスも知っているということから、駐在員事務所を持たないメーカーにとって駐在員的なファンクションを持っている日本人として重宝された。

その頃から、私はサプリメント（栄養補助食品）分野に目をつけていた——。

当時、サプリメントはアメリカでもまだまだ勃興期で、日本ではほとんど流通していなかった。正直に言うと、サプリメントの将来性に気付いていたというよりは、まだまだ日本企業が手を出していない分野だったので、競争相手が少ないということが私にとって有利に働くと十分に理解して手を出していったのだ。

そういった状況だからこそ、私のような個人経営のメイプロでも存続可能であろうし、今後、サプリメント分野の成長率が高くなっていくであろうことは実感していた。そこで、私はまだまだ世界的に有名でないサプリメント業界にどんどん手を広げていった。

私のこの判断が正しかったことは、その後のメイプロの成長が裏付けている。

◎創業一年目を終えて純利益は一〇〇〇ドル!?

メイプロが成長過程にあった頃、私はこんな風に考えて自分を勇気付けた。

私の能力は得意な分野においては通常、人の二、三倍はあると自負している。そんな人間が他人の三倍も働いているのだから、アウトプット（売上）は一般の人の六～九倍になるに違いない。だとしたら、利益が上がって倒産するはずがないというのが結論だ。

そう思えば、それほど心配するほどの状況ではなかったと思う。しかし、現実は必ずしも想像の通りには進まないので、その時点では恐怖感と危機感で一杯であった。とにかく必死で働き、三カ月、一年、二年……とメイプロの存続を第一に考えた。そうすれば周囲の人たちも私を信用してくれて、取引も増えていくだろうと考えた。

そうは言っても、とにかく毎日がサバイバルの連続だった。そんな時こそ恐ろしいもので、つい魔が差して普段なら見向きもしない案件を引き受けてしまったことがある。

起業から三カ月過ぎた頃、ｄ－α－トコフェロールと偽って混合トコフェロールを供給する新規サプライヤーに、不用意に二万五〇〇〇ドルの注文を出してしまった。ｄ－α－トコフェロールとは、私にとって因縁深い天然ビタミンＥである。

先方の船積みが終わって船積み書類が銀行に到着した時に、添付されていた分析試験成績書が注文の内容と違うことに気付いた。私はギリギリの土壇場で注文をキャンセルし、支払いを拒否することで間一髪、リスクから逃れることができたのである。

あの時、銀行に対して適切な処理をしていなければ、資本金五〇〇〇ドルのメイプロは二万五〇〇〇ドルという大金を支払うことができず、あっけなく倒産していただろう。ぎりぎりの段階で分析試験成績書の相違に気付いて、すぐ銀行に支払い拒絶を伝えることができたことにホッと胸を撫でおろしたものだ。

スリリングな日々の連続の内にメイプロ満一歳の誕生日を迎えることができた。

決算のために損益計算書を作ってみると、売上は約一〇万ドルで、純利益は一〇〇〇ドルという結果が出た。当時の為替レートが一ドル＝三〇八円だったので、換算すると三〇万八〇〇〇円ほどだった。

ちょうど現在のサラリーマン一年生の給料程度の利益でしかなかったが、とにもかくにも赤字にならなかったことに私は安堵した。最初の一年目が赤字スタートと黒字スタートでは大きな違いがある。たかが一〇〇〇ドル、されど一〇〇〇ドル……数字は小さいものの、私はそれ以上に黒字という点に大きな価値があるように感じた。

〝よし、二年目以降も黒字にする！　絶対に赤字にはしない！〟

私は将来に向けて、これからも黒字を続けると決意を新たにした。

それ以来、今日に至るまでの四五年間、メイプロは赤字すれすれの年もあったものの赤字に陥ったことはたった一度もないというのが、私の大きな自慢である。

◎〝座敷牢〟を出て、あの五番街にオフィスを持つ

起業から一年余りが過ぎ、アパートのベッドルームの仕事場のデスクから見える窓の外の景色も変わっていった。木々の葉は次第に紅葉し始め、冬になって枯れて雪が降り積も

り、やがて、春が来て木々の新芽が出始める。あっという間に暑い夏が来て緑の葉も生い茂り、再び秋が来て……と、いつしか季節は廻り巡っていた。

ふと窓の外を見ながら、私は、幕末の偉人・吉田松陰に思いを馳せた。座敷牢に囚われて動きが取れずとも、季節だけは着実に変わっていく……そう吉田松陰が感じていたことを思い出し、一体、いつになったらこのベッドルームの〝座敷牢〟から脱出できるのかと夢想し、マンハッタンにオフィスを構える日が来ることを強く願ったものだ。

稲盛塾長が言われているように〝思念は必ず実現する〟ものであり、また、私はこの教えに行動する事の重要性を付け加えているが、もがき苦しんでいるうちに、私は座敷牢から脱出できるチャンスをつかむことができた。

五番街と言えばマンハッタンのメインストリートで、中でもミッドタウンの四九丁目から五九丁目は高級ブランドショップが軒を並べ、テナント料も世界一と言われている。

もちろん、私はそんな場所に事務所を構えられるほど裕福ではない。同じ五番街でも四四丁目のごく普通の一角で、狭くて窓もない、数歩歩けば壁に頭をぶつけてしまうような小さなオフィスだった。それでも、ようやく座敷牢から解放された喜びで一杯だった。

その直後のことだが、近くにオフィスを構える身なりのいい黒人の青年実業家と知り合いになった。ある時、彼にこう言われた。

「スティーブ、なぜ、君はロータリークラブに入らないの？」

そう聞かれた私は、日本のロータリークラブは成功した年配の裕福な経営者の集まりであり、私はまだ成功していないし、寄付するほどのお金もない。社長ではあるけれど社員もいないからおそれ多い話だと答えた。すると彼はこう言った。

「だから、ロータリークラブに入るんじゃないか。ニューヨークのロータリークラブは会社の大小は問題にしない。世界中からやって来た経済人が参加して、互いに勉強し、助け合っている。ロータリークラブに入ると信頼度が抜群に上がるぞ」

ロータリークラブの本来の目的を全く知らなかった私は、彼に勧められてロータリークラブに加入し、晴れて〝ロータリアン〟となった。

その頃、私は日本のメガバンクに自分の全財産を預けて、何とか与信を獲得しようと考えていた。しかし、日本の銀行は零細企業を相手にせず、大企業のみを主な取引先と考えていたので、いくら熱心に訴えても与信は全く得られなかった。

銀行の担当者は私を気の毒がり、アメリカの銀行と付き合いなさいと助言してくれた。一方で神戸高校の先輩が経営する企業の与信枠を借りたり、前職で知り合った知人が働く大手総合商社にコミッションを支払って、大型のファイナンシングを得ていた。

何とか自前のファイナンシングができないかと模索していた状況下で、私は初めてロータリークラブのランチミーティングに参加した。

隣の席に人当たりのいい公認会計士が座っていたので、私は彼に相談してみることにした。すると彼は、ナショナルバンクという中堅銀行の副頭取を紹介してくれた。私は感謝し、早速、ナショナルバンクの副頭取を訪ねた。面談をして私の学歴や前職などのバックグラウンドを説明すると、彼はいきなり五〇万ドルの与信をくれた。

これには私も驚き、そして彼に深々とお辞儀をして感謝の意を示した。

その後、公認会計士の彼とは非常に親しくなった。メイプロの公認会計士として契約させてもらい、その後の十数年間、仕事をしてもらった。与信枠もどんどん増え、幸いなことにメイプロはそれ以来、資金繰りで深刻な問題になったことは一度もない。

◎社員を雇う余裕ができるも人材で苦労した二年目

創業二年目を迎えて半年ほど経つと、業績もどうにか上向きになってきた。金銭的にも余裕ができてきて、若干名のアシスタントを雇うことにした。しかし、高い給料を払えるわけでもなく、最低限の月給で働いてくれる人を探したのだが、これがまた非常に難題で、一癖も二癖もある人間が現れ、とにかく苦労が絶えなかった。

それらを全て書こうとするとページ数がいくらあっても足りないので、特徴的な人物を二、三人紹介するに留めておきたい。

一人目は、以前、日本の大手総合商社のニューヨーク支社で働いていた女性だ。採用を決める前に確認の意味で彼女の前の職場に照会したところ、「仕事はよくやってくれるけれど、とにかく休みが多い」という返事だった。私は若干、躊躇したのだが、それより私と縁の深い大手総合商社の名前に目が眩んで採用を決めてしまった。

ところが、一週間も経たないうちに前職担当者の言葉は現実になる。

彼女は「叔父さんが亡くなった」と言ってきて、三、四日休んだのである。それからしばらくして、今度は「叔母さんが亡くなった」と言って、やはり数日間休んだ。その後も何度も同じことの繰り返しで、私は〝一体どれだけ親類が亡くなるんだ！〟と呆れてしまい、結局、解雇せざるを得ない状況となった。

次に雇った女性も問題ありだった。よく働くことは働くのだが、ポルノ俳優をしているという夫から昼間、何度も電話がかかってくる。しかも、その日の夕食代をどちらが支払うかで口論になり、電話越しに大声で夫と怒鳴り合っているのだから始末に負えない。うるさくて仕事にならないので彼女にも辞めてもらうことになった。

また、初めて雇うことができた経理担当の女性もまた一筋縄ではいかなかった。

彼女の夫は高校の校長をしていて、「夏の間は帰宅時間が早いので自分も午後三時には帰りたい。その代わり、午前七時に早めの出勤をして仕事をする」と言われた。私は信用して彼女を採用したのだが、ある日のこと、出張先で午前八時頃に用事を思い出したので、彼女がいると思って会社に電話した。だが、いくら呼び出しても出ないので諦めた。

しばらく経って九時過ぎに電話をすると、やっと彼女が出た。

「なぜ、さっきは電話に出なかったの？」

私がそう聞くと、「お腹の調子が良くないので、トイレに長時間入っていた」と弁解した。私はどうも怪しいと思って、その翌日、翌々日と七時から八時半ぐらいの間に何度か電話をしたところ、やはり誰も出なかった。結局、彼女にも辞めてもらった。

解雇してから判明したのだが、彼女は他の社員が出勤する直前の八時四五分頃に出勤していたのだった。全然、早めの出勤時間ではないわけだが、それ以上に怒り心頭だったのが、彼女が全く仕事をしていなかったことだ。

辞めた後で彼女の机の引き出しを開けてみたところ、処理が必要な経理関係の書類がそのまま引き出しの中にいくつも押し込まれていた。夫が校長かどうか知らないが、アメリカにはこんないい加減な人間がいるのかと呆れて私は言葉も出なかった。

◎失敗を繰り返して分かった人材を雇う基準とは？

他にも、営業担当者、在庫管理担当者……とお世辞にも一人前とは言えない人間ばかりがメイプロに現れて、その度に苦労させられたものである。

なぜ、このようにトラブルを抱えた人間ばかり採用することになったのか考えてみたのだが、答えは明白で、とにかく当時は利益があまり出ていないので、給料が安くても働いてくれる社員ばかりを採用していたからだったと思う。

これは当人たちの問題というより、間に入ったエージェントにも問題があった。

通常、エージェントは中間マージンを最低でも二〇パーセントは取るのだが、ある時、五パーセントでOKというエージェントと出会い、早速、彼にお願いした。

しかし、それがトラブルの元だった。〝安物買いの銭失い〟とはよく言ったもので、彼は採用候補者の履歴書を私に都合がいいように書き換えていたのだ。もちろん、私のアメリカ人を見る目が十分でなかったという理由もあるが、〝安かろう悪かろう〟という世の道理は、日本もアメリカも変わりないことが身に染みて分かった。

決して安くはない授業料ではあったが、ニューヨークには実にいろいろな人間がいることを十二分に学ぶことができた。〝失敗は成功のもと〟という諺もあるように、人材を採用する際にたくさん失敗したことで、後に立派な人材を選ぶ力が付いたとも言える。

このような苦労を体験した結果、私は人材採用で失敗しないためには二つの方法があることを発見した。

それがハングリー精神に満ちたインド人や中国人などの若くて優秀な移民に、労働ビザを保証することで働いてもらうことと、マンハッタンの有名市立大学やエリート高校に通う学生をインターンとして雇うことであった。例えば、スタイヴェサント高校はニューヨーク市立の超エリート校で、日本で言えば開成高校、灘高校、ラ・サール高校に相当し、ノーベル賞受賞者も複数出している。私の娘四人のうち三人が受験、合格し、初孫も現在通っている。市立なので学費は安く、裕福でないものの優秀な移民の生徒が多い。

――この二つの方法であれば、人材的に難のある人間は少ないし、しかも、それほど高い賃金を払う必要もなかった。それ以降、人材採用で失敗することは少なくなり、創業期の人事問題はどうにか乗り切ることができたのである。

その一方で、私には前職時代からお世話になった人々がたくさんいた。

ファーマキャップ社のボーカン社長には、その後も天然ビタミンE以外の素材を定期的に購入していただくようになっていたが、私が起業を報告したところ満面の笑みで応援してくれて、次から次へと色々な素材を購入していただいた。

日本の大手総合商社からオファーのあった基礎原料のゼラチンを買ってもらったり、その他、GNCという世界最大級のサプリメントチェーンストアの購買部長を紹介してくれただけでなく、気付けば、ＧＮＣはメイプロの五〇パーセント近い取引先になっていた。

ボーカン社長はＥ社の松野聰一元副社長のご高著『グローバル戦国時代を制したサムライ経営の本質』（文芸社）にも登場する人物で、きわめて人情の厚い立派な方だ。九八歳になろうかというのにお元気で、今も私は機会あるごとに感謝の気持ちをギフトカードなどでお伝えしている。

ボーカン社長をはじめとする人々には今も非常に感謝しているし、彼らがいてくれたからこそ、今のメイプロがあると言っても過言ではない。

第四章　メイプロ成功の軌跡とビジネスの極意

◎両手両足縛られて海に飛び込んだ状態から解放

今日に至るまでには、当然、山あり谷ありで相当な苦労があった。メイプロ創業時の激務に追われる日々の中で、私はこんなことを考えた。

真の独創的発想とは、後ほど詳しく触れる稲盛和夫塾長の「稲盛経営一二カ条」にあるように強烈な願望と集中の中から生まれるものではないだろうか——。

メイプロフィロソフィには第一項に「**潜在意識にまで透徹する持続的で強烈な願望を持ち続け行動する**」とある。もしも強烈な願望を持ち続け、潜在意識においてもその願望を考え続けるならば、新しい発想は、まるで雷が落ちるように突然閃くものである。過去のノーベル賞クラスの発明や発見はそのようにして生まれていると言っても過言ではない。

人間とは面白いもので、収入が十分でなく、苦難の連続の会社創業期は、それまでに持っていた大きな夢・願望・思念が潜在意識には残るが、表面からは隠れ、経費を最小に、粗利益を最大にしてとにかく存続を心掛け、自らと家族と数少ない社員のためにとにかく存続しようとするエネルギーが最大に働くものである。

故に私のメイプロ創業時のミッションは、何より存続が第一であり、まずは家族と従業員の最低限の生活を守ることであった。同時に、万が一倒産して、前職の同僚たちや業界の友人たちに笑われたくないという思いで経営していたようにも感じる。

〝今日で××日存続できた。いつになったら大きく羽ばたけるのか？〟

朝、目を覚ます度にそんな思いを抱く毎日であり、当時の私の心境としては、両手両足を縛られた状態で家族五人で二年分の食料と飲料を持って逆巻く太平洋に飛び込んだようなものであった。

水面から口だけ出して、もがいている内に左足の縄がほどけ（若干の注文を頂け）、さらにもがいている内に右足の縄がほどける（若干の与信を頂ける）。そして、次に両手の縄がほどけ（若干のリスクが取れて出張できるようになって）、最後は泳げるようになって家族全員を陸上に届けることが可能になる（何とか家族が最低限度の生活ができるだけの収入を得る）というわけだ。

そのきっかけがこれから語る「こんにゃくマンナン」の大成功であった——。

◎〝こんにゃくマンナン〟のビジネスで大成功！

メイプロにとって、最初の大きな成功と言えるビジネスが「こんにゃくマンナン」である。創業して三年が過ぎた一九八〇年頃のことだが、当時、日本市場ではこんにゃくマンナンがダイエットサプリメントとして大ヒットしていた。

こんにゃくマンナンはこんにゃく芋から精製した〝グルコマンナン〟をカプセルに入れた商品で、一九七〇年代の後半から日本で発売されていた。

このグルコマンナンをコップ一杯の水と一緒に飲むと、胃の中で水分を吸収してこんにゃく状のものができて数十倍に膨張し、その結果、お腹が膨れて食欲が減退することからダイエットに効果があるというものだ。

しかも、グルコマンナンには植物繊維が多く含まれているので、排泄されるときに大腸をクリーンにすることから便秘の解消にも効果的で、さらに血糖値や血中コレステロールの低下にも効果があるという大変優れた食品である。

日本では、T食品とM社が互いに競争しながら数百億円もの市場を形成していたが、ある時、日本の著名な経営者のO氏がこんにゃくマンナンの食べ過ぎで死亡し、それを某週刊誌が悪意ある記事として書いたため、日本市場は壊滅的な打撃を受けた。

そんなある日、日本のY製薬会社に勤めていた旧友から電話が入り、「こんにゃくマンナン」のビジネスを持ち掛けられた。

彼は「日本で大ヒットしたダイエット商品だ」と言って、アメリカで売れるかどうか私に尋ねた。当時の私はダイエット商品の知識はあまりなく、こんにゃくをアメリカ人が食べることはないだろうと思いながらも、GNC社の研究開発スタッフのトンプソン博士にサンプルを送ったものの、しばらくするとその件は忘れていた。

それから約一年後、突然、トンプソン博士から電話が入り、「こんにゃくマンナン」を供給できるか聞かれた。彼は、ジャック・ラ・レーン・グループが大キャンペーンを開始したので、GNCも「こんにゃくマンナン」の販売を手掛けたいと言ってきたのだ。

◎一匹オオカミが大手商社に勝つための処方箋

当時、日本の二社は約一五〇〇トンもの「こんにゃくマンナン」の不良在庫を抱えており、GNCが間に立って、日本の大手総合商社とメイプロを秤にかけたのである。

GNCにバリー・イビーという非常に親しい購買ディレクターがいて、私は製薬会社のY社をバックボーンにGNCの彼にコンタクトした。一方で、大手総合商社のK社はジョンというアメリカ生まれの日系二世が担当していた。イビーと私はニューヨーク、K社はロサンゼルスで交渉に当たっていたが、その二都市には三時間の時差があった。

ロサンゼルス時間で昼の三時頃から交渉が始まるのだが、本当のネゴシエーションはニューヨークの夜一一時頃にバリーがスタートさせる。

彼は二台の電話を使って両手に受話器を持ち、両社を相手に同時に交渉するのだ。

バリー「ヘイ、スティーブ！　君のところは（一キロあたり）いくらだい？」

私「四五ドルでどうだ？」

バリー「四五ドルで全量出せるんだな？　また電話する」

その後、バリーは四時半頃に電話してくる。

「ジョン（K社）は四二ドルと言ってきたぞ」

当然、ジョンは私より安い値段を言ってきたようだ。

私はバリーが毎晩一二時頃まで働くことを知っているし、彼の交渉パターンとしてはこちらを安く買い叩いて、結局は一一時頃に決めることも分かっている。まだまだ交渉は序の口で、バリーが四二ドルを提示してきた時点で「四〇ドル」と言いたいところだが、私は日本の担当者と話さないといけないと言って引き延ばし作戦に出る。

間もなく五時になり、そうなるとサラリーマンのジョンは帰宅してしまうことを私は知っていた。そのままの状態で時は過ぎていく。

そして、夜の一一時半頃に私はバリーに電話し、「四一ドルにする」と告げる。

当然、バリーはジョンに電話しても会社にいないから、その額で決めないといけない。

「ＯＫ！　四一ドルだ」

私が四時半の時点で四〇ドルと返事していたら、まだまだジョンとのやり取りが続き、さらに買い叩かれていたことだろう。全体で一五〇〇トンともなると、たった一ドルの違いが全体で大きな金額となるから気が抜けない。

これはまさに、サラリーマンと〝一匹オオカミ〟の闘いである。

私は、組織も何もない孤独なはぐれオオカミのようなものである。サラリーマンでもそういう精神を持っている人はいるが、一匹オオカミになったら頼るものは自分しかいないし、一匹オオカミが倒産から逃れるためには、利益を上げるしかないのである。まさに稲盛塾長が言われるように格闘競技以上の〝燃える闘魂〟が必要であった。

激烈な競争の結果、メイプロは最終的にK社との競争に勝って、「こんにゃくマンナン」のアメリカ最大の供給会社となり、日本での一五〇〇トンの不良在庫を全て売り切り、その頃のメイプロの規模としては莫大な利益を得ることができた。

当時、平均するとキロ当たり約三〇ドル（一ドル＝二四〇円）で、約一〇八億円の売上となった。本当は利益率三〇パーセントで売れたはずだが、バリーに値切り倒されて利益率は一〇パーセントになってしまったが、孤独な群れを離れた一匹オオカミにとっては、何年分ものおいしい〝餌〟だった。

「こんにゃくマンナン」のビジネスはその後、約七年にわたって続いた。

ところが、ある日、ＦＤＡから「グルコマンナンとしての輸入は禁止する」という通知が出た。しかし、私はそこで諦めずに知恵を絞って打開策を検討した。

そこで私は次のようにＦＤＡに訴えた。

〝メイプロはグルコマンナンではなく、こんにゃくパウダーを輸入している。こんにゃくパウダーはアメリカの日系二世が一〇〇年以上食べているものだから、人体にとって安全なのは間違いない。輸入できなくなったら彼らに多大な迷惑がかかる〟

そう言って交渉したところ、ＦＤＡは何も言って来なくなった。数年はそうしてビジネスを続けることができたのだが、結局、偽物を売る悪徳業者の登場で涙を飲んだ。

それでも、この「こんにゃくマンナン」のビジネスでメイプロの収益構造は劇的に好転し、その後も夢と希望を胸に、成長を続けることになったのである。

この頃、自宅で家族と一緒にすき焼きをした時には、娘たちに「こんにゃくを食べる時は拝んでから食べなさい」と冗談めかして言ったことを、娘たちは覚えているだろうか(笑)。

◎日本へのダイエット素材の輸出が成功を収める

「こんにゃくマンナン」で安定した利益が出せるようになったことから、これからの時代はダイエット関連のサプリメントが世界中で人気が出るに違いないと私は考えた。

私はさまざまな種類のビタミンやアミノ酸、ゼラチンを日本などから輸入してアメリカ市場に供給するようになり、一歩一歩、サプリメント業界に参入しながら、今日のメイプログループの基礎を築いていったのである。

ご存知の通り、分厚いステーキやハンバーガー、ピザなど高カロリー食品を好むアメリカ人の肥満人口は世界一である。そのため、さまざまな肥満解消に関する商品やサプリメント、あるいは運動メソッドなどが開発されている。

そして、日本は文化でも食生活でもアメリカに追随していることは過去の歴史が証明している。そこで私は、アメリカで開発されたサプリメントのようなダイエット素材を日本市場に紹介したら、大きなビジネスになるに違いないと考えた。

ダイエットのメカニズムには食欲減退、体脂肪の減少、炭水化物の分解阻止などさまざまな方法があるが、サプリメント業界では基本的に効果・効能を業者がアピールするのは違法とされている。そのため、当時、商品の宣伝方法としては、誰もが知っているセレブと契約してダイエット前後の写真をアピールするのが効果的であった。ちなみに、この宣伝方法も現在では違法になってしまった。

その最初の事例が「ガルシニアカンボジア」で、一九九四年頃のことだ。

ガルシニアはインドや東南アジアを中心に自生する植物で、果実から抽出されたエキスに含まれるヒドロキシクエン酸という成分には脂肪の合成を抑える働きがあることから、肥満予防に効果があると言われ、古くから民間薬として利用されている。このガルシニアを使ったサプリメントが「ガルシニアカンボジア」である。

当然、大金を出せば日本人でも知られている世界的にも著名なセレブを起用できるが、セレブの出演料はメイプロの支払い能力をはるかに超える金額だった。そこで、メイプロとしては比較的安価でありながら、説得力のある方法を考えねばならなかった。

〝「ガルシニアカンボジア」の知名度を日本で上げるためどうしたらいいか？〟

〝予算が十分でなくても、セレブを宣伝に使ういい方法はないものか？〟

——私は知恵を絞ってこのミッションに挑んだ。来る日も来る日も、起きている時はもちろん、寝ている時は潜在意識で考えた。そんなある日、一つのアイデアが閃いた。

〝そうだ！　訳あって太った元ミスアメリカを探し出して、「シトリマックス」ブランドの「ガルシニアカンボジア」で痩せてもらおう。ギャラはそんなに高くないはずだ〟

ミスアメリカと言えば当時は美の象徴、そんな美の象徴が訳あって太ってしまったものの、ダイエットに成功してかつての美しい体を取り戻すというストーリーだ。見た目的にもこれほどドラマティックな展開はないと自画自賛し、私は興奮を抑え切れなかった。

しばらくして、メーカーの副社長ゲリー・トラックセルがスーザンという、結婚、出産、離婚を経て太ってしまった元ミスアメリカを見付け出してきた。私は見るからに太ってしまった元ミスアメリカと直接会って交渉し、体重が一ポンド減るごとに三〇〇ドル払うという契約を結んだ。当時、本マグロのトロ部分の最高浜相場でもポンド当たり一五ドルだったので、世界最高値の相場だ。スーザンも必死でダイエットするだろうと考えた。

この時の私の目論見としては、彼女に四〇ポンド（約一八キロ）ほど減量してもらい、東京で記者発表を行いたいと考えていた。その場でビフォア・アフターの写真を見せて会見を行えば、稲盛塾長が〝常に創造的な仕事をする〟と言われているように、メディアが元ミスアメリカの減量ストーリーを書いてくれると期待した。

◎四〇ポンド痩せなかった元ミスアメリカに困惑

それから約二カ月後、私が日本に出張していた時にゲリーから電話があった。

「スティーブ、彼女はすごく減量したよ。東京に行かせてもいいか？」

私は大喜びで記者会見の準備をし、約三〇人の記者から出席の確認を取り付けた。そして、〝スリムになった元ミスアメリカに会える！〟と、高鳴る胸を抑え切れず彼女を出迎えるために意気揚々と成田空港に向かった。

ところが……到着ロビーに現れた彼女を見た途端、私はがっかりした。アメリカで私と会った時に比べれば多少は痩せていたものの、決してスリムとは呼べないごく普通の体型をした中年のアメリカ人女性がそこにいた。

私は彼女から離れて、一緒に来たゲリーに苦言を呈した。

「ゲリー、どうして『彼女はすごく減量した』なんて言ったんだ？　しっかり四〇ポンド減らしてからこちらに送るべきだったよ。スリムな美人を期待している三〇人の記者に何て言って紹介したらいいんだ！」

私はすっかり困惑し、明日の記者会見までにいいアイデアを考えなければならないと思った。そうは言っても妙案は浮かばず、苦肉の策で彼女が少しでもスリムで背も高く見えるよう髪の毛をアップに結ってもらって、黒いタイトスカートを履くよう手配した。

会見場ではスーザンのミスアメリカ当時のスリムで美しい写真と「ガルシニアカンボジア」でダイエットする前の太った写真を見せた。そして、スーザンはダイエットプログラムが現在進行形で、今の時点で二〇ポンド減らすことができたと紹介した。

――確かに完璧なセッティングではなかったが、彼女のダイエット成功記事を書いてくれる記者もいた。それ以外にもたくさんのマーケティング努力を重ねた結果、「ガルシニアカンボジア」は日本での売上を伸ばし、結果的に三〇〇億円の市場にまで成長した。


さて、この元ミスアメリカ案件以外にも、私はさまざまなケースを思いついたが、それらは必ずしもうまくいったわけではなかった。

ある時は大相撲のK元大関を痩せさせたらさぞかし売れるだろうと考え、積極的にアプローチしてハワイ会談を実現させたが、あまり痩せると彼の商品価値がなくなるなどの理由で結局、涙を飲んだ。また、結婚、出産、離婚などで太ってしまった、世界で活躍した元フィギュアスケーターと交渉したこともある。一時は契約締結間近までいったのだが、ワイドショーで彼女が話題になったことからライバル会社に横取りされてしまった。

◎間一髪で倒産の危機を乗り越えた歴史的事件

これらの好調の陰にはもちろん、ピンチもあった。製品に関するリスクとしては、「Ｌ－トリプトファン」事件が忘れられない。

少し時計の針を巻き戻した一九八九年秋のある日のことだが、「Ｌ－トリプトファン」というアミノ酸の担当者が、突然、出張中の私に緊急電話して来た。

「日本製の『Ｌ－トリプトファン』を含む健康食品を摂取した数十人のアメリカ人が亡くなり、それ以外にも数千人が病気になっているとＦＤＡが発表しました。まだ、結論は出ていませんが、弊社で販売しているＭ社の『Ｌ－トリプトファン』のせいかもしれません。弊社の顧客は支払いを拒否していて、損害賠償を求められる可能性もあります」

――通話を切った私の頭の中は真っ白になった。

自然界にアミノ酸は五〇種類以上存在しているが、その内の九種類は体内で生成できないため、食品から摂取する必要がある。「Ｌ－トリプトファン」はその一つで、質の良い睡眠を取るために必要な「セロトニン」を産生する素材として使われている。「Ｌ－トリプトファン」を摂取することで脳内のセロトニン濃度を増加させることができて、不眠症やうつ病にも効果があるという。

アメリカではＳ社が製造した「Ｌ－トリプトファン」が主に流通していたが、メイプロはＭ社の製品を輸入していた。もし、Ｓ社でなくＭ社の製品が原因であったなら、道義的責任で謝罪するだけでは治まらずに損害賠償に進展する可能性があり、メイプロは弁護士費用だけでも倒産することは間違いない。

その後の報道で、Ｓ社が製造した「Ｌ－トリプトファン」を含む健康食品を摂取した人の血中に好酸球が異常に増加して、筋肉痛や発疹を伴うＥＭＳ（好酸球増多筋痛症候群）が大規模に発生したことが判明した。ＦＤＡによると、被害者は一五〇〇人以上で、死者は三八名に上るとのことであった。

結局、ＦＤＡが結論を出すまでには数年かかり、最終的にはＳ社が遺伝子組み替えで作った「Ｌ－トリプトファン」の中に不純物が含まれていたことが原因だった。

Ｍ社の製品には何ら問題がなかったことで私はひと安心したが、そうは問屋が卸してはくれなかった。結局、メイプロは納入先からの支払いを受け取れず、一方でＭ社からは支払い要求が続くという、非常に困難な事態に陥ってしまったのである。

度重なる交渉の末、最終的に当時のM社の部長との直談判になった。この方が大変な豪傑で、全く予想だにしない提案を持ちかけてきた。

「山ちゃん、ゴルフで決めましょう。あなたがワンオンできて、私がワンオンできなければ弊社は諦めます。逆の場合は未収金を支払って下さい」

そう言われて、ゴルフが得意でない私は、またもや頭が真っ白になった。しかし、結果としてM社はメイプロの立場に同情して下さって、ゴルフ決着は回避できた。

なお、S社はこの事件で二〇〇〇億円以上の損害賠償と弁護士費用を支払い、業界最大の製造物責任者事件となった。幸いなことにメイプロは少量ながらS社から「L－トリプトファン」を購入した実績があったことから弁護士費用を全てS社が支払ってくれることになり、あわや倒産の危機を免れることができたのである。

◎営業マンに必要なのは才能・努力・人として正しい考え方

先程私は、相場を知ることがビジネスでは重要だと述べた。

国際価格を全部知っているのは無理な話だが、例えばコエンザイムQ10であれば、最初の会話の中で〝この人はコエンザイムQ10の市場価格について知っているか?〟を見極めて、彼が買っている価格よりも安い価格で提供できるようにする。

後述するが、それが私が稲盛和夫塾長から教わった「**値決めは経営**」である。これはメイプロフィロソフィにも採用させていただいていたが、稲盛塾長も京セラを創業した頃、こんなことがあったそうだ。

大手メーカーに行くと、購買担当者に「お前のところは高い。〇〇〇は×××円で売っているぞ」と言われることがあったそうだ。だが、稲盛塾長はそれが本当か嘘か分かっていて、〝この人は買い叩いているな〟と思ったら、それより少し上の価格で交渉した。

稲盛塾長は、それを見極めるのが経営者の仕事だとおっしゃっていた。それを知った瞬間、私は〝同じことを言っている〟と共感した。それが〝値決めは経営〟で、そのためには才能と、国際価格を常にモニターしておく努力、それと当然、語学力も必要である。

つまり、営業マンに必要なのは①才能　②努力　③人として正しい考え方、なのだ。

――稲盛塾長の経営哲学については私も大いに賛同することが多く、これについては次章で詳しく述べることにする。


時代は少し戻るが、これは一九七〇年代のオイルショックの頃の話だ。

当時、私はテキサスにある某メーカーのキューバ系の輸出担当者と出会い、彼と一緒にハンティングに行ったり、飲んだり食べたりすることで親密な間柄になっていた。

朝八時から彼のオフィスに座り込んで話をしていると電話のベルが鳴った。

八時一〇分にW社、同三〇分にX社、同時五〇分にY社、九時にZ社……と、次から次へと日本の大手総合商社から電話が入る。みんな逼迫している石油化学品を探していて、彼らは電話一本で済ませているが、こちらは担当者のみならず輸出部長とも飲んだり、食ったり、一緒に遊んだりして関係作りができている。おまけにニューヨークのゴルフ大会では、「孫子の兵法」でいうところの〝敵を知る〟を実践し、各社の担当者の性格、能力まで分析済みなので相手によって戦略を変えて、商戦に勝つのである。

たとえば、W社は〇〇〇ドル、X社は×××ドルで買う……と言ってきたという話を聞いて、私がそれらより少し高い値段を提示すると、そこで契約締結となる。

また、GNCの購買担当者の場合、夏に彼が夫婦で休暇に行くという話を聞くと、それとなく行き先を調べる。私も同時期に現地に行って、偶然を装って訪ねるのだ。そして、ご馳走する。

「たまたま近くに用事があったから挨拶に来たよ！」

そんな風に言って、しばらく豪勢な食事とワインを奥さまと一緒に楽しみ、過ごし、関係性を密にする。やはり、可愛がってもらうことは大事だからだ。商社でもそれができる人はいるので、〝あいつと競争したら負けるかもしれない〟という情報を先に仕入れておくのは大事なことだ。


もう一つ、私の頭の中には国際相場が常にある。先行き価格が上がりそうだと思ったら余分に買って在庫を持っておく。国際相場に合わせて売ると、現在のような円安だと先行き下がる。そうなると在庫を持ち過ぎると恐ろしいわけで、そういう判断も必要だ。

また、いろいろなファクターが国際相場に影響する。適正価格は毎日、いや、極端に言えば数時間ごとに変わるから、それを的確に把握して、お客様に喜んでもらえるような価格で売るのが理想のビジネスではないだろうか。

◎ジャパニーズから始まって〝ジャメリシャニーズ〟へ

我々のビジネスで大事なのは、お客様のニーズを冷静に分析することである。お客様の性格や購買パターン、会社全体の方針をも分析しないといけない。一ドルでも高く売りたいサプライヤーもいれば量を追求するサプライヤーもいるし、約束を守るサプライヤーもいればその逆もいる……その間をうまく取りまとめて商売を行う。

失敗を重ねる内に分かってきたことでもあるが、私自身は早くからそのことには気付いていた。相手を見ながら分析して、それに即して会話を続ける方法も得意である。その過程では、多少差別的表現だが、アメリカ人、中国人、インド人……と、相手の人種によって起こる可能性の高いトラブルを最初から潰していくことも必要である。

この仕事はリスクだらけで、品質が大事なお客様、価格が大事なお客様、納期が大事なお客様……といろいろいる。だから私は部下に「君たちはアクター、アクトレスになって、相手によってアプローチを変えないといけない」といつも言っている。

この人はどういうタイプの人間か分析して、アクター、アクトレスになって相手に合うようにアプローチの仕方を変えていくのだ。

私はよくこんなジョークを披露している――。

私はもともと①日本人（Japanese）で、ニューヨークに来て仕事をしている内にジャパニーズアメリカン（Japanese American）、つまり、②ジャメリカン（Jamerican）になった。その後、ユダヤ人（Jewish）と出会って③ジャメリッシュ（Jamerish）になった。次にインド系（Indian）と知り合い、④ジャメリシャン（Jamerisian）になって、最後に中国人（Chinese）と出会って⑤ジャメリシャニーズ（Jamerisianese）になった。

だから、相手が誰であってもビジネスで対応できるのが私の強みだ。ジャメリシャニーズだから、①日本人としてきめ細かい仕事をする、②アメリカ人のように非常にフランクに仕事をする、③ユダヤ人のようにコストに厳しい仕事をする、④インド系のように売るのが上手で、⑤中国人のようによく働く――と、それぞれの人種の良いとこ取りである。

その一方で、この五つの人種には当然、弱点もあるのを知っておくことも必要だ。

まずは、①日本人の場合だが、〝重箱の隅をつつく〟という言葉があるように、細かいところばかり見ていることが多く大局を見ていないことが多い、②アメリカ人はその逆で、大雑把過ぎる、③ユダヤ人はお金にシビア過ぎである、④インド人はよくごまかす、契約しているのに価格、納期を途中で変更しても平気であり、⑤中国人は一方的で自分たちの都合で物事を簡単に変えてくる……ビジネスではこうしたマイナス面にも注意を払っておかないとチャンスはつかめない。

私は〝ジャメリシャニーズ〟のタフネゴシエイターなので、たとえどんな相手が来ても上手に折衝できるというわけだ。どんな状況下でもしっかりと相手を分析し、相手に合ったビジネスをしないといけないのである。

◎サプリメントビジネスでブームを作る三つのテクニック

一方で、メイプロを創業して以降、私は、サプリメント素材、健康食品ビジネスには必勝パターンとも呼ぶべき法則があることを発見した。

それが次の三つの法則である——。

一．〝三大ジャーナル〟と呼ばれる伝統ある医療・科学雑誌に掲載される
二．「60ミニッツ」など影響力の大きいテレビ番組で紹介される
三．「ナショナル・エンクワイラー」などのゴシップ新聞に掲載される

私たちのような業界では、ある日突然、マーケットで需要が湧き起こるケースが時としてある。そうなると、必然的にその商品の国際相場は上昇し、数多く保有している会社ほど多大な利益を受け取ることになる。

そうしたパターンには上記の三つのケースがあって、まず最初に挙げるのは（一）の伝統と信頼のある医療・科学雑誌に研究論文が掲載されることである。

その科学雑誌とは「ニューイングランド・ジャーナル・オブ・メディスン」「ネイチャー」「サイエンス」の、いわゆる〝三大ジャーナル〟と呼ばれる医療・科学雑誌だ。

この三つの雑誌は非常に権威があり、そのいずれかに論文が掲載されると、確実なエビデンスが得られたということで、ほぼ間違いなくアメリカ中のメディアが報道する。そうなるとまずアメリカで需要が起こり、その需要はやがて世界中に広まる。

これが一番確実な方法だが、〝三大ジャーナル〟は掲載基準が極めて厳しいことでも有名で、研究成果のみならずエビデンスが相当しっかりしていないと掲載されない。

その中で、メイプロの成功体験としては数十年ぶりに発見されたＰＱＱ（ピロロキノリンキノン）があり、発酵食品や緑色野菜などに含まれる新種のビタミン様物質である。

◎テレビの人気番組で扱った商品はブームになる！

そこで、（一）よりは実現の可能性が高いのが、（二）のアメリカで非常に影響力のあるメディアがサプリメントの効果について報道するケースである。

アメリカの有名なドキュメンタリー番組に「60ミニッツ」（ＣＢＳ）がある。日本で言えば、「クローズアップ現代」（ＮＨＫ）や「ＪＮＮ報道特集」（ＴＢＳ）といったところで、一九六八年のスタート以来、半世紀以上にわたって放送されている長寿番組で、毎週、話題の出来事や商品、企業などをテーマごとに紹介している。

ある時、この「60ミニッツ」でサメ軟骨（コンドロイチン）を食べてがんが治った患者を取り上げたことがあった。コスタリカの病院に入院していたがん患者が、サメ軟骨を食べ続けたところ、四カ月後にはがんがほぼ消えてなくなり、病院の庭でジョギングできるくらいまで改善したというのだ。

するど、翌朝、サメ軟骨の需要が急増して、市場価格も高騰した。

実はその一週間前、取材を受けたがん患者の関係者が放送前にメイプロに在庫があるかどうか聞いてきた。

理由を聞くと、「60ミニッツ」のスタッフがその会社にもインタビューに来たそうで、メイプロは当時、水産加工品会社のM社がサメ軟骨の在庫を持っていることを探し当てて購入し、さらに、何月何日までメイプロ以外には売らないという独占契約を結んでいた。

当然、「60ミニッツ」でサメ軟骨の話が放送されると、翌日、業界中がサメ軟骨を買いに走ったことからメイプロは大きな利益を得ることができたのである。

もう一つ、ドクター・オズ（Dr．OZ）というテレビで健康番組を持つ医者がいて、木曜の夕方四時から放送する番組で健康をテーマにさまざまな商品を紹介している。彼がテレビ番組で紹介するとほとんど間違いなくヒットする。

「60ミニッツ」同様、ドクター・オズの番組で紹介された商品も大ヒット間違いなしなので、こちらは毎週チェックして、扱われた商品はすぐに買いに走るというわけだ。

最後に紹介するのが、㈢の毎週土曜日に発売される「ナショナル・エンクワイラー」というタブロイド紙である。日本で言えば「夕刊フジ」や「日刊ゲンダイ」、あるいは「東京スポーツ」のようなゴシップ専門の話題先行型の新聞に近いかもしれない。

〝奇跡のダイエット商品　月見草オイル！〟

〝リジンサプリでヘルペスの悩み解消！〟

〝サメでがんを防ぐ　サメの軟骨パウダーをお試しあれ！〟

――などと同紙で紹介されると、その商品が一大ブームとなる。

前述したGNCのバリー・イビーは、祝休日関係なく毎晩一二時頃まで働いていた。「ナショナル・エンクワイラー」の発売日である土曜はたいていの会社が休日なので誰も働いていないが、私、スティーブ山田は稲盛経営十二カ条の〝誰にも負けない努力をする〟のポリシー通りに土曜も働いている。そこでバリーは土曜の午後に私に買いの電話を入れてくる。私も既に情報を仕入れているから、あっという間に世界中のサプライヤーの在庫を押さえて、GNCを保険にその商品を販売して莫大な利益を手にする。

メイプロフィロソフィの一つに「**世界中の誰よりも先に情報をつかみ、世界中の誰より**

も先に行動を起こす」とあるが、これはワーカホリックな日本人経営者の中でもひと際働き者のスティーブ山田ならではの〝勝利への法則〟である。

◎デジタル時代にマッチした手法で新たなブームを！

ところが、鉄壁だったこの三つの成功パターンが近年は綻びかけている。

（一）の〝三大ジャーナル〟の効果はこれまでと変わっていないが、掲載基準が厳格であることから掲載されれば反響は大きいが、そもそもあまり期待はできない。

問題は（二）と（三）で、今の若い人はあまりテレビを見ないし、それ以上に新聞も読まない。だから、ここに傾注しても効果は以前ほど期待できないようになってきた。しかも、近年ではＦＤＡが常に内容をチェックしており、信頼性の低い情報にはクレームが入ることからメディアの側も報道を踏み止まるようになってしまった。

そこで、これらに取って代わる次のメディアは何かということだが、それはやはりデジタルの分野であることは間違いない。たとえばフェイスブック、ツイッター、インスタグラムなどのＳＮＳ（ソーシャルネットワーキングサービス）である。

近年、ＳＮＳで需要を起こすことができるだろうということで、現在、メイプロではソーシャルメディアにアプローチしている。若者のフォロワー数が数十万、数百万という人物、いわゆる広範囲に影響力がある〝インフルエンサー〟を使って需要を喚起することが必要であると考えている。その意味で、メイプロがこれからやるべきことは右から左に物を売るだけではなく、需要を作り出すという機能を持たないといけない。

これは最近の話だが、ある商品でそうしたＳＮＳを使った手法を実践している。たとえば、〝ＨＰＶ（ヒトパピローマウイルス感染症）〟という若い女性に多い感染性の性病に、シイタケの菌糸体を培養した「ＡＨＣＣ」が効果的であるという研究成果を基に、メイプロではＡＨＣＣを販売している。

このＨＰＶという病気は放っておくと子宮頸がんを起こす可能性が高く、そのために致死率も高いのだが、残念なことに現時点では効果的な薬は販売されていない。

そんな中、ＡＨＣＣには免疫力を強化する効果があることは二五年ほど前から学者たちによって実証されていた。さらに、テキサス大学のジュディ・スミス博士が、ＡＨＣＣはＨＰＶにも効果があるという研究成果を発表した。今後はそこにスポットを当て、重点的にアピールして新しい需要を喚起するよう努めている。

実際、アメリカのＡＢＣテレビの番組でも紹介されたことから、今後の動きが注目されている商品の一つであるが、対象が若い女性であることから、テレビや新聞よりもＳＮＳにウェートを置いた宣伝方法が最適ではないかと思われる。

時代の変化と共に情報伝達手段が変われば宣伝方法も変わっていくわけで、いつまでも同じやり方に固執していてはライバルに後れを取る。今まで有効だった手段もいつか時代遅れになるわけで、常に時代の先を見越してブームを牽引していかないといけない。


――このように、メイプロは「こんにゃくマンナン」で最初の成功を収めて、その後も前述したように「ガルシニアカンボジア」や「グルコサミン」、「コエンザイムＱ10」、「オメガ３」、「コンドロイチン」、「タウリン」、「グリシン」など少なくとも一〇品目以上のヒット素材を生み出してきた。いずれも、情報を世界中の誰よりも早く入手し、誰よりも早く行動したことから成功をつかむことができたものだ。

第五章　稲盛和夫塾長との出会いと「稲盛経営一二カ条」

◎日本のバブル崩壊を傍目に成長を続けるメイプロ

私がメイプロの成功に邁進している一方で、海の向こうの日本はかつてない程の〝バブル景気〟を謳歌していた。

一九八六年頃から日経平均株価は急上昇を始め、一九八九年の大納会では、史上最高値の三万八九五七円四四銭を付けた。ニューヨークのロックフェラー・センターやその他のビルが次々と莫大な金額で日本企業に買収され、私も驚いたものだ。

社会学者エズラ・ヴォーゲルの著書『ジャパン・アズ・ナンバーワン』が話題を呼び、私も日本人として頼もしく思ったものだが、そんな日本の絶頂期も長くは続かなかった。

一九九〇年代に入るとバブルは崩壊し、あっという間に日本経済は転落した。

私はそんな故郷・日本の栄枯盛衰を傍目に見ながら、驕ることなく働いていた。

振り返ってみると、創業時の危機を除くと、その後のメイプロにはさほどの大事件はなかった。しかし、それも今だから言えることで、当時はスリリングな日々を送っていた。

一般的にみれば、成功の後にピンチが来るのは世の常。起業した会社が成功した経営者にありがちなのは、自惚れた末に天狗になって、イタリア製の高級背広を着て高級外車に乗り、億ション（ニューヨークならペントハウスといったところか）を買う……というのがよくあるパターンだ。大金を手にしたことで創業時の苦労など忘れ、さんざん飲み歩いてリスク管理ができなくなった末に眉唾ものの投資話に大金を注ぎ込んだ結果、会社を潰すか乗っ取られて路頭に迷うという展開もあり得る。

私は生来〝ケチ〟で臆病だからそうはならなかったが、それでも天狗になりかけた時がある。そんな私の伸びかけた鼻を見事に折ってくれた人が、今は亡き京セラの稲盛和夫塾長である。稲盛塾長と出会わなかったらメイプロはどうなっていただろうか――。

◎ある日聞いた「稲盛経営一二カ条」に感銘を受ける

ビジネスに携わる日本人なら、稲盛和夫塾長の名前を知らない人はいないだろう。

一九五九年に「京都セラミック」（現・京セラ）を創業して成功を収めた稲盛塾長は、

ＮＴＴの独占状態に風穴を開けるべく一九八四年に「第二電電」（ＤＤＩ）を設立した。第二電電は二〇〇〇年に「国際電信電話」（ＫＤＤ）、「日本移動通信」（ＩＤＯ）と合併して、「ＫＤＤＩ」となった。さらには二〇一〇年に、経営危機に陥った「日本航空」の立て直しに無償で挑んで無事に再生させるなど、その素晴らしい経営手腕は多くの日本人から賞賛を集めている。

また、稲盛塾長の経営手法の一つは「アメーバ経営」と呼ばれている。

これは稲盛塾長が京セラの理念を実現するために創り出した経営管理手法である。アメーバ経営では組織を「アメーバ」と呼ぶ小さなユニットに分ける。各アメーバのリーダーはそれぞれが中心となって自身のアメーバの計画を立て、メンバー全員が知恵を絞り、努力することでアメーバの目標を達成するのだ。

その過程で現場の一人ひとりの社員が主役となり、自主的に経営に参加する「全員参加経営」を実現していくことになる。このアメーバ経営は、京セラをはじめ、ＫＤＤＩや再建に携わった日本航空など約七〇〇社に導入されているという。

もちろん、わがメイプロもアメーバ経営を導入している。

一方で企業家の育成にも力を注ぎ、一九八三年には若手経営者の勉強会「盛友塾（後の盛和塾）」を開塾した。一九八四年には稲盛財団を設立して理事長に就任し、一九八五年には同財団主催の京都賞を創設するなど、啓蒙・慈善活動も精力的にされている。

その業績を挙げれば単なる経営者の枠に収まらない傑物であり、現代の松下幸之助ともいうべき、高度経済成長以降の日本をリードする一人と言っても間違いない。

しかし、稲盛塾長の名前が日本の経済界に轟き渡るのは私がアメリカに渡った後のようで、恥ずかしながら私は稲盛塾長を存じ上げなかった。

私が初めて稲盛塾長の「稲盛経営一二カ条」を知ったのは、一九九〇年代の終わり頃だったと思う。その当時、私は通勤時間を有効に使うため、さまざまな著名人の講演記録や談話、対談（鼎談含む）などを収めたカセットテープやCDを買い集め、それを車の中で聞くことを日々の務めとしていた。

ある日聞いたカセットテープには、大学教授と評論家、実業家の三人の話が収められていた。最初の大学教授の話は理路整然としていて勉強になる内容であった。しかし、それはあくまで机上の空論であって現実には応用できないように思われた。二人目の評論家もさまざまな会社の経営を賞賛したり、あるいはその逆に貶したりと話自体は面白かったが、こちらも実際の会社経営に応用できるものではなかった。

しかし、三番目に登場した稲盛塾長は違った。私は全く知らなかったが、既に成功を収めているという著名な経営者が語る「稲盛経営一二カ条」には大変感銘を受けた。

◎一二カ条の内、実現できていなかった三項目とは

もちろん私自身にも、それまでのビジネス体験から導き出された成功法則が頭の中に漠然と存在していた。これまでにも折に触れて紹介したように、情報を誰よりも早く仕入れた者が勝つとか、お金がなくても知恵を絞って考えれば道は開ける……といったもので、明確な言葉にはなっていないがそうした法則はいくつもあった。

それを稲盛塾長は簡潔極まりない言葉で提示されていた。余計な部分を削ぎ落した、まさに厳選された〝珠玉の言葉〟だった。私は車のスピーカーから流れてくる一二カ条を、メイプロの経営に当てはめながら聞いたのを昨日のことのように思い出す。

〝この経営者、どんな会社を経営しているか知らないけれど、なかなか良いことを言うじゃないか！　私がいつもやっていることを言っているし、要点を簡潔にまとめている〟

――後で考えると、自分の無知をさらけ出すようでお恥ずかしい限りだが、それがその時の私の正直な感想であった。正直言って、その頃の私は「こんにゃくマンナン」や「ガルシニアカンボジア」のビジネスが成功して、言わば〝この世の春〟を謳歌していた。傍目には鼻持ちならない嫌味な経営者であったかもしれない。

既にご存知の方も多いと思うので項目を挙げるに留めておくが、以下が「稲盛経営一二カ条」である。

一．事業の目的、意義を明確にする
二．具体的な目標を立てる
三．強烈な願望を心に抱く
四．誰にも負けない努力をする
五．売上を最大限に伸ばし、経費を最小限に抑える
六．値決めは経営
七．経営は強い意志で決まる
八．燃える闘魂

九．勇気をもって事に当たる
一〇．常に創造的な仕事をする
一一．思いやりの心で誠実に
一二．常に明るく前向きに、夢と希望を抱いて素直な心で

――改めてこう書いてみただけでも、人の心に響くシンプルで力強い言葉ばかりだが、この一二カ条を初めて聞いた時、私はこうも思ったのを覚えている。

〝メイプロは一二カ条の内の九つは実行しているけれど、実行してないものが三つある。何とか努力して残りの三つも実行することにしよう！〟

これもまた今から考えると実に生意気な上から目線で、思い上がった反応なのはご容赦いただきたい。以下が、その時に判明した実行していない三カ条である――。

まず、（一）「**事業の目的、意識を明確にする**」に関しては、私自身、公明正大で大義名分のある高い目的を立てることについて、できていないと思った。

自分の事業の目的は、創業時代から〝とにかく存続することが一番。自分と家族を物心両面で幸せにする、その後は社員も同様に幸せにする〟と考えてはいたが、逆に言えばそれだけのことで、それ以上の高尚な目的は考えていなかった。

◎メイプロはスティーブ山田の商才を世に問う会社？

（一）に関してもう少し付け足すと、それは事業の目的、意議ということで、これはミッションに置き換えてもいいと思う。

まず、稲盛塾長が起業した時のミッションは、京セラは〝稲森和夫という人物の技術を世に問う会社〟だった。稲盛塾長は技術を上司に正しく評価されず、勤めていた松風工業を飛び出して、仲間八人で京都セラミックという会社を興した。しかし、創業三年目に、若い従業員の反抗を受けたことから〝従業員の物心両面の幸福の追求〟に変えた。

一方で、私の場合のミッションは何か？　私自身は技術者ではないから、専門の技術を持っているわけではない。化学品専門の商社に六年半、ニューヨークに来た時に私は一番若い駐在員だったけれど、当時、アメリカでの売上と利益の約六〇パーセントは私が稼いでいたようなものだった……その時点で、私には商才があると自負していた。

であるならば、メイプロは〝スティーブ山田の商才を世に問う会社〟ということではないかと考えた。恐怖感と孤独感で打ちのめされそうになりながらも知恵を絞って「こんにゃくマンナン」を販売して、そこからサバイバルできて、また次の夢ができた。私の技術＝商才を広く世の中に知らしめることがメイプロのミッションではないだろうか……最初はそう考えた。しかし、稲盛塾長のミッションを知って、私もミッションを変えた。

つまり、メイプロはナチュラルリソース＝天然資源と技術を開発して素材と製品を作るのが第一の目的だが、ミッションという点では私が商才を発揮することで会社が利益を上げ、会社で働いている人を精神的にも物理的にも幸せにすることである。

そして、後のことだが、これ以上大きなミッションはないであろうと思われる、大義あるミッションを作り出した。それが次の四項目である。

一．メイプロは天然資源を最先端の技術を使って、素材、最終製品を開発することによって、人類をさらに健康にすることによって幸福にする。

二．従業員をまず精神的に幸福にする。そして、公平な科学的方法によって従業員の貢献度を測定し、経済的幸福も追求する。

三．人類最後の日まで、存続、成長し、これらのミッションを実現する。そして第一段階として、この分野において世界一になる。

四．人類はいずれ、この地球を脱出して、宇宙生命体となる。メイプロは宇宙に人類と一緒に進出して、いつの日にか宇宙一になる。

次に、（一一）「**思いやりの心で誠実に**」もあまり実践していなかった。

ビジネスには必ず相手がいる。それは分かっていても、相手を含めてハッピーであることや皆が喜ぶことが大事だとは考えていなかった。当時の私はメイプロが存在し続けることで精一杯で、常に利益を出すことが優先順位のトップに来ており、思いやりの心とか、誠実とか、相手のことまで十分に考えていなかったというのが現実であった。

これは後述する〝利他の心〟や〝三方良し〟の精神にも共通する考え方である。

最後に、（一二）「**常に明るく前向きに　夢と希望を抱いて素直な心で**」についても、自分自身は常に前向きで夢と希望を抱いて、自分の能力を向上させるために誰にも負けない努力をしてきたつもりだが、あまりにも次々と問題や障害が襲ってきたので、〝常に明るく〟ではなく、正直に言うと悲観的で暗い気持ちで日々の仕事に向かいがちであった。

稲盛塾長の話を聞いて以降、日々のビジネスに励む一方で、一二カ条のうちの実現できていない三カ条の実現が、私とメイプロにとって急務だと考えたのであった。

後年になってからだが、「稲盛経営一二カ条」に大きな影響を受けた私は、これまでの自らの経営を振り返る意味と今後のために、頭の中に漠然と存在している経営哲学を整理してみようと思い立った。

稲盛塾長には「稲盛経営一二カ条」とは別に、創業した京セラに「京セラフィロソフィ」と呼ばれる経営哲学もある。後に私もニューヨークの盛和塾で学んだが、これは七八カ条からなり、私は稲盛フィロソフィで私が理解できたものと、その後の私の経験に基づくフィロソフィを加えて、「メイプロフィロソフィ50カ条」（本書205ページ）を作った。

◎盛和塾ニューヨークで稲盛塾長の薫陶を受ける

さて、通勤途中の車内で聞いた「稲盛経営一二カ条」に出合って感銘を受けて以来、私は稲盛塾長のご高著の数々を拝読するだけでなく、時折アメリカにも届く稲盛塾長の言動を注視するようになった。その意味ではアメリカ在住という理由で稲盛塾長が主宰する

「盛和塾」に入ることは叶わなくても、たとえ日本から一万キロ以上離れていても、私自身は〝稲盛チルドレン〟とも呼ぶべき経営者の一人であった。

それから数年が経った二〇〇五年初頭のことだが、ニューヨークで発行されている日本人向けの新聞を読んでいた私は、ある広告を目にして驚いた。

「盛和塾ニューヨーク　塾生募集」

――その広告を見た私は、まさに欣喜雀躍し、早速応募することにした。

一九八三年に前身である「盛友塾」が誕生し、一九八九年に「盛和塾」に名称変更され、一九九一年に全国組織となった。一九九三年に海外では初めてブラジルに支部ができていたが、それ以外の国にはなかったから、これは実に嬉しいニュースだった。

厳しい審査と面接を無事にクリアして、私は念願の盛和塾に入ることができた。

入塾者は約四〇名で、同年春に行われた開塾式には稲盛塾長ご自身もニューヨークに来られて塾長講話をされた。この時に私が驚いたのは、塾長以外に一〇〇人以上の塾生が日本から同行され、日本各地のお土産を持参されて、開塾を祝っていただいたことだ。

開塾式の後は、稲盛塾長と同行された塾生をハドソン川のクルージングなどニューヨーク観光にご案内し、稲盛フィロソフィと盛和塾に関する基礎情報を教えていただいた。

主な盛和塾ニューヨークの活動は、塾長の講話ビデオを見たり、書物を読んだりして塾長の経営哲学を学ぶと共に、自身の経営を振り返って改善点を探すというものだった。

それから二年後の二〇〇七年のことであるが、稲盛塾長のニューヨーク訪問を機に、塾生たちが経営体験を発表することになった。

私は志願して、盛和塾ニューヨーク入塾前後のメイプロの経営内容を数カ月かけてまとめ、稲盛塾長と塾生たちの前で約三〇分にわたって発表した。

その後、驚くべきことに稲盛塾長はわざわざ私の席まで歩いて来られたのである。

「山田さん、素晴らしかった！」

稲盛塾長はそう言って私の肩を叩き、私はますます稲盛ファンになってしまった。そして今まで迷いながら歩いて来た人生は正しかったのだと自信を深めた。

翌年、日本で行われた全国大会では、驚いたことに私も日本人・中国人の経営体験発表者八人の一人に選抜され、三〇〇〇名近い塾生の前で経営体験を発表した。

その際、稲盛塾長は、異例の三〇分という時間を割いてまで講評してくださった。入塾してあまり時間が経っていない塾生が全国大会で発表するケースは大変珍しいことだそうだが、後で関係者に聞いた話では、ニューヨークで私の経営体験を聞いて感心した稲盛塾長自身の推薦で、私が発表者の一人に選ばれたそうだ。

その話を聞いて、私は天にも舞い上がるような気持ちで喜んだ。その後も稲盛塾長とはいろいろな場面でお会いして、さまざまなアドバイスをいただいたことを思い出す。

何より、盛和塾入塾後、私の人生とメイプロの経営は好調のまま現在に至っている。

◎盛和塾の解散を知り、稲盛塾長に手紙を書く！

だからこそ、後に盛和塾を解散するという話を耳にした時、私は非常に残念に思うと同時に、即座に〝絶対反対！〟の声を上げた。

このような素晴らしい組織をなぜ解散する必要があるのかと思った。しかも、私の知る限り、理事、有力代表世話人の誰も稲盛塾長に盛和塾の継続をお願いしておられないようであった。そこで、私は勇気を振り絞って、稲盛塾長に直接手紙を書いた。

「このような素晴らしい盛和塾を、なぜ、解散するのですか。今までと運営方法は変わるとしても、塾長の原点を基に今まで通り継続できるのではありませんか！」

私がその後の動向に注目していると、ある日、またも驚くべき情報を耳にした。全国代表世話人会で稲盛塾長が私の手紙を自ら読まれて、〝本部事務所は継続する〟との決定を下されたというのだ。

——なんという奇跡であろうか！　私は心の底から感動した。

その後、関係者に聞いた話では、稲盛塾長は私の手紙を読んで解散中止を決めたというからなおさら驚いた。残念ながら、その数年後の二〇一九年一二月に盛和塾は解散となってしまったのだが、少しでも解散が先に延びて良かったと思っている。

こうして盛和塾は一九八三年の開塾以来、三六年間の活動を惜しまれつつ終えた。塾生数は国内五六塾七三〇〇名、海外四八塾七六三八名、計一〇四塾一万四九三八名（延べ塾生数二万六二三八名）を数えたという。

二〇〇五年に盛和塾ニューヨークに入塾して一四年という短い期間ではあったが、最初のメンバーで残った方々や、後から入塾してきた塾生の方々とは、現在も親しくお付き合いをし、互いの経営にアドバイスし続けている。

その後、盛和塾を継いで「盛心塾」が誕生し、ニューヨークにも「盛心塾ニューヨーク」が発足。私も含めて稲盛塾長の経営哲学をさらに学び、継承する活動を続けている。

今日まで、稲盛塾長が経営者として実に偉大な方であると認識しない日はただの一日もない。最初に「稲盛経営一二カ条」を聞いてから約四半世紀が経つが、私は今もこの原点を繰り返し、繰り返し勉強し、また実践し、スタッフにも教えている。

その後もスタンフォード大学ビジネススクールや早稲田大学ビジネススクールエグゼクティブプログラムでさまざまな経営者や経営学者の理論を勉強することがあったが、いつも私の基礎になっているのは「稲盛経営一二カ条」と「京セラフィロソフィ」である。その点では、何物にも代えがたい貴重な〝聖典〟であることは間違いないのである。

◎稲盛塾長から教わった他者の幸福を願う〝利他〟の心

最後にもう一つ、稲盛塾長から教わった哲学が〝利他〟の心である。

〝人には自分だけが良ければいいと考える利己の心と、自分を犠牲にしても他の人を助けようとする利他の心がある。利己の心で判断すると、自分のことしか考えていないので視野も狭くなり、間違った判断をしてしまう。一方で、利他の心は人に良かれという心だから、周囲の人も協力してくれて視野も広くなるので正しい判断ができる〟

――稲盛塾長はそのように説いていらっしゃる。

人間も動物だから、起きて、食べて、娯楽を楽しんで、寝て……と基本的に利己の心＝本能で生きているが、魂の奥底には他人に良かれと願う心＝利他の心があるという。

翻って私の場合、どちらかと言えば昔は利己的な心で生きてきた。自分と家族の存続、社員の存続と、その程度ではあるが……。しかし、稲盛塾長と出会って利他の心を知り、後にメイプロフィロソフィに「**利他の心を判断基準にする**」という項目を加えた。

また、広く知られている近江商人の経営哲学に〝三方良し〟というものがある。

これも利他の心と同じで、商売において①売り手と②買い手が共に満足するのは当然のことで、それだけでなく、③社会にも貢献できるのが良い商売であるという意味だ。三方良しの商売は長く続くけれど、そうでないと商売は長く続かないという。

たとえいくら儲けても、高級外車も大豪邸も欲しいと思わない私は、せいぜい妻と娘たちの家族と一緒に美味しいものを食べたり、リゾートで過ごせたりすればそれで満足だ。どうせお金はお墓まで持っていけないのだから、それ以上に社会的貢献ということも考えて、今後も利他の心で利益を何らかの形で社会に還元したいと考えている。

たとえば、私が卒業した大学に奨学資金を作ることも考えているし、あるいは、稲盛フィロソフィとメイプロフィロソフィを教える国際経営学部やビジネススクールを作るのもいいかもしれないなどと密かに考えており、それもまた私の夢である。

◎突然、思いもしなかった稲盛塾長の訃報が届く

本書をほぼ書き終えて推敲していた八月末、非常に悲しい報せが入った。

それは稲盛和夫塾長の訃報だ。二〇二二年八月二四日午前八時二五分、京都市伏見区の自宅で老衰のために亡くなられた。享年九〇。亡くなるには早すぎる年齢というわけではないが、まだまだ生きていて欲しかったという言葉しか出てこない。

私は盛和塾の解散が残念でならず、稲盛塾長がご健在のうちに今一度、後継塾が「盛和塾」の名称を使うことをお認め頂けないものか、そして、その後継塾が、分派せずに稲盛フィロソフィの原点のみの教えに基づいて何百年、何千年も続くような新しい組織を作る

に当たってご指導いただけないものかと強く考えるようになっていた。

そうでないと盛和塾も、キリスト教や仏教、イスラム教などのように分派し、塾長の原点の修正版を教える会ができてしまう可能性があると危惧していた。

稲盛塾長が盛和塾の解散を決めた理由は、ある著名実業家の教えを説く会で実業家の死後に起きたような醜い後継者争いを避けるためであったと聞いたことがある。幸いにも盛和塾ではそのような争いは全くもって起こっていないので、もしかしたら、認めていただける可能性があるかもしれないと私は考えた。

そこで私は勇気を振り絞って、再度、お手紙を出してみようと八月一八日頃に考え始めて二〇日に書き終わり、翌二一日の夜にエキスプレス便で日本に発信した。

後で調べたところ、八月二五日の正午に京セラに到着したようで、前日の朝にお亡くなりになっていた稲盛塾長のお目に触れることはなかった。もう少し早く書き、発信していれば、読んでいただけたかもしれないと考えると、ただただ残念である。

最後にお会いしたのは新型コロナウイルスが流行する一、二年前のことであったが、いつもの柔和な笑顔をされていたのを覚えている。稲盛塾長が好きだったという吉野家の牛丼を一度、一緒に食べてみたかったものだ。

返す返すも、〝巨星、墜つ！〟という表現が相応しいと思う。昭和から平成の日本経済を支えた偉大な経営者の一人であり、敬愛する師であり、今は心にぽっかり穴が開いたような感覚である。まだまだ現実だと認めることもできなくて涙も出てこない。

もっともっと長生きして、一人でも多くの後輩たちを正しく導いて欲しかった。

今も海の向こうの日本には稲盛塾長がお元気でいらっしゃる気がして、「さようなら、稲盛塾長」とは言えない心境であるが、ここで哀悼の意を表する次第である。

第六章　成功のための経営哲学—メイプロフィロソフィ—〈一〉

これまでにも何度か「メイプロフィロソフィ」という言葉が出てきているが、これは前述したように、おそれ多くも「稲盛経営一二カ条」と七八カ条からなる「京セラフィロソフィ」に触発されて、私が好きな稲盛フィロソフィを基礎にして自分でも考え抜いたスティーブ山田なりのビジネスの処方箋を追加したものである。それまで漠然と私の頭の中にあったものを整理してみたものだ。

折に触れて明文化していくうちに増えていって、スタッフへのビジネスメールなどでも周知徹底してはいるが、なかなか時間がなくてまだまだ体系的に整理できていない。現時点では五〇項目となっている。

全項目は巻末に一覧を掲載しているが、その中ですぐにでも実践してほしいと私が考えているフィロソフィをいくつか、具体的なケーススタディーの形で紹介する。

【潜在意識にまで透徹する持続的で強烈な願望を持ち続け行動する】

このフィロソフィは私の人生の羅針盤と言っても過言ではない。

夢＝願望を持つのは簡単だが、ビジネスで成功するためには潜在意識に透徹するほどの強烈な願望を抱いて、何があっても諦めずに願望を持ち続け、なおかつ夢の実現のために夢中になって行動しなければならない。

二〇一六年末のことだが、私はメイプロの各アメーバリーダーたちと話し合った。

「二〇一七年は売上×××万ドル、純利益△△△万ドルを達成する」

そうした一つの大きな目標を立て、これらの数値に基づき、各アメーバユニットはそれぞれの年度目標数値を掲げ、さらに長期目標についても話し合った。

私はこれらが非常に高い数値であることは承知していた。社員の中には〝そんな目標は到底達成できない〞と考える者もいたようだ。

しかし、私は次のように考えた――。

一．高い目標を達成するためには、まず〝何をどうしたらいいか〞に焦点を絞り、強烈で、持続する願望を粘り強く抱き続けることから始める。

二．次に、何があっても目標を達成するためには、〝こうするべきだ〟という明確なビジョンを心に強く描くことである。

三．純粋で強烈な願望を抱いて行動する、つまり、昼も夜も集中して仕事をしていると、そのビジョンがやがて自分の潜在意識に浸透していく。そのような状態になると、私たちの潜在意識は驚くべき結果を生み出す。たとえ夢の中でも、理性的自己を離れたところで、まるで〝夢のお告げ〟のように、目標達成のための方向性を示してくれるのだ。

――これらは、私の過去の経験からも確実に言えることであった。

まずは第一ステップとして、アメーバユニットと経営者で決めた目標数値と自分自身の目標数値を頭に叩き込み、それらの数値を自分の潜在意識に浸透させる。次に、日々の目標、週ごとの目標、月ごとの目標、そして四半期ごとの目標を設定して実現に向けて行動し、それらを毎日、毎週、毎月、そして毎四半期ごとにチェックできるようにする。

〝何がなんでも自分の目標を達成するのだ〟と心に強く思い、そのために必要な行動を取ることで、たとえ高い目標であっても最終的には達成できるのである。

【たとえ今のところビジネスが好調だとしても、常に危機意識・飢餓意識を持ち続けること】

インターネット環境が進歩したことで情報が即座に伝わり、予期せぬ事態が一瞬で起こってビジネス環境が一瞬で変わることもある。そうした変化に後れを取っていては、これからのビジネスで成功し、また成功を続けることは難しい。

同様に、今が好調だからという理由の上にあぐらをかいて、油断して、情報収集に手を抜いていては、突然やって来る変化に対応できない。いつ何時でも起こり得る変化を想定して、瞬時に対処しなければビジネスの世界で生き残っていくことはできない。

つまり、たとえ今のところ好調であっても、常に周囲にセンサーを張り巡らせて何らかの危ない兆候を見極めることができるような危機意識、あるいは、現状に満足することなく常に飢餓意識を持って物事に当たるのは非常に重要である。

たとえば、オリジナル製品を開発しているチームが現在は好調であっても、いつ、原材料の高騰などイレギュラーな問題が起こるかは分からない。

また、好調であるがゆえに会社の株価が上がって、株主たちが持ち株を無情な大手企業に売却する可能性も否定できないし、さらには、違法広告や健康に害があるなどの苦情を理由に日本の厚生労働省から操業停止命令が出された場合にどうすればいいだろう。

そもそも、何らかの理由でＦＤＡが販売を禁止してしまったらどうするのか？

実際、今、私が原稿を書いている二〇二二年の夏はかつてないレベルで円安が続いており、今後の為替レートの予測は予断を許さない状況となっている。

――上記のような数々のリスクを想定した対策をアメーバユニットのリーダーたちは入念に準備しておかないといけないし、メンバー全員がこうしたさまざまな危機を想定し、それぞれにおける対処方法をもっと真剣に考えていかなければならない。

楽観的かつ前向きであることも大事だが、同時に、予測し得るさまざまな危機状況を全員が想定し、打つべき手を入念に考えておくのも重要なことである。

【仕事と人生において大成功を遂げたいのであれば、誰にも負けない努力をしなければならない。また何かを犠牲にする必要もある】

ほとんどの人が〝自分はかなり努力をしている〟と思っていることだろう。だが、私は〝努力〟のレベルを今以上に高くして欲しいと考えている。それは自分の周囲の誰にも負けない努力、会社や業界の誰にも負けない努力でなければならない。同時に、もし仕事と人生で大きな成功を遂げたいのであれば〝選択〟と〝集中〟を実行し、何かを犠牲にする覚悟をしなければならない。なぜなら、全てのことに成功を収めるのは不可能であるし、そもそも私たちの時間とエネルギーには限りがあるので自分の願望を全て叶えることなど、到底できないからである。

数年前、メイプロ・ジャパンのスタッフの士気が落ち、利益が減り始めたことがある。勇敢にもメイプロのシニア・バイス・プレジデント兼メイプロ・ジャパン社長の栗原崇彰(くりはらたかあき)君が、自主的に家族との時間や私生活を犠牲にして危機回避に尽力してくれた。お陰でメイプロ・ジャパンの業績は回復し、今日に至るまで収益性、スタッフの士気ともに極めて高い状態を維持し続けてくれている。

他にも、個人的趣味や家族を犠牲にして、連日連夜、週末も休みなく働いてくれている社員もいれば、できるだけ仕事と家族との時間のバランスを取ろうと考えながらも、持てる限りの力を発揮するために家族との時間を多少犠牲にしてくれている社員もいる。

私自身、会社を創業したばかりの頃は週に一〇〇時間以上働いていた。その分、趣味などプライベートな時間は完全に犠牲にしていた。

心の片隅では何とか一緒にいる時間を増やそうと考えていて、妻や娘たちの買い物に付き合ったり、週末の日本語学校の送り迎えやアイススケート場、スイミングプールやテニスコートに彼女たちを連れていったり……と、出来る限り家族と一緒にいられる時間を作ろうとした。だが、仕事に追われる毎日で、十分な時間もなかった。それでも家族はある程度の犠牲を我慢してくれていた。

その結果として、メイプロは業界での地位を確立することができた。その後、娘たちはマサチューセッツ工科大学やエール大学、カーネギーメロン大学、スミス大学などの名門に進学し、日本の東京大学や早稲田大学、慶應義塾大学を卒業、ないしは留学している。そして、コロンビア大学大学院やケロッグ経営大学院でＭＢＡを取得している。

ちなみに長女の真由美は東大経済学部とＭＩＴに同時に合格した。私は「どちらも断るのはもったいないから、両方同時に通ったらどうだ」と冗談半分で勧めたところ、真由美はそれを実践し、東大とMITを合計五年一〇月ほどかけて両大とも卒業した。

ただ、現代社会は昔のようにハードワークを礼賛する時代と違っている。誰もが賛同してくれるかどうか分からないが、人並みの努力では仕事と人生の双方で大きな成功を収めることは難しいのが現実であり、何も犠牲にしないで全て成し遂げたいというのもまた無理な話だと私は今でも思っている。人並み以上の努力がなければ成功は手にできない。

その際、努力する上で一番大事なことは各人の価値観に基づいた選択と集中ではなかろうか。決して強制はしないが、この考えに賛同していただけることを願っている。

【実力主義に徹する】

どのような組織でも、いかに有能な人物をトップに据えるかが最も重要な問題である。

真に有能な人間とは、自分に与えられた課題を完遂でき、尊敬され、信頼され、さらにその能力を他人のために進んで使おうとする人である。組織とは、そのような人が能力をフルに発揮できるポジションを与えられるような環境であり、風土でなければならない。

実力主義をベースに運営されれば組織は強化され、ひいては社員のためになる。

メイプロでは、従業員は年功や経歴ではなく、それぞれの社員が備えている総合的能力が全てを測る基準となっている。

しかし、時としてスタッフの心に赤ん坊のような依存心、あるいは〝甘え〟が生じることもある。だから私は、この〝実力主義に徹する〟ことでメイプログループの中に厳しい規律も取り入れたいと考えている。

こんなことを言うと、スタッフの中には「私の上司はこの条件に当てはまらない！」と弾劾する人も出てくるかもしれない。確かにメイプロはまだまだ小さい会社なので、ここまで述べた条件を全て満たすような完璧なリーダーを採用するまでに至っていない。

しかし、経営陣はできる範囲内で組織を改善し、中間管理者および上級管理者のリーダーシップを高めるため、常に最善の努力をしている。一方で、リーダーたちもまた自らの指導能力を向上させ、メイプロフィロソフィの水準に近づく努力を心掛けている。

【仕事を好きになる】

メイプロの経営陣や何人かのスタッフ、マネジャーは毎日、長時間働いており、時には週末も出社して深夜まで働くこともある。

私自身、八〇歳近い今も週末を含めて週平均八〇時間働くことを自分に課している。それにはさまざまな理由があるが、基本的には〝仕事が好き〟だから一生懸命に働くのだ。私は仕事が何よりも好きで、それを楽しんでいるから長時間勤務は苦にならない。

大きな仕事をやり遂げるには大変な量のエネルギーが必要である。そのエネルギーは、自分自身を励まし、燃え上がらせることで生まれてくる。ただし、自分がやりたかった仕事に就けた人はラッキーだが、もしも自分にとって未知の仕事、あるいはやりたくなかった仕事が与えられた場合、その仕事を好きになるよう努力する必要がある。

ということは、自分を仕事に駆り立てる最も有効な方法は、その仕事を好きになることである。どんな仕事であろうと与えられた仕事に全力を傾け、そして、それを成し遂げたならば、大きな達成感と自信を得ることができる。そういう精神状態に達した時、初めて本当に素晴らしい仕事を成し遂げることができるのである。

【全員参加で経営する】

メイプロでは、稲盛経営に従ってアメーバと呼ばれる組織を一つの単位にしている。各アメーバは自主独立で経営されており、そこでは誰もが自分の意見を言い、経営について考え、それに参画することができる。一握りの人だけで経営が行われるのではなく、全員が参加するというところにその神髄があると言っていい。

この経営への参加を通じて一人ひとりの自己実現が図られ、全員の力が一つの方向＝ベクトルに揃った時に集団としての目標達成へと繋がっていく。

全員参加の精神は、私たちが日頃の開かれた人間関係や仲間意識、家族意識を培う場として、仕事と同じように大切にしてきた会社行事などにも受け継がれている。

次項とも関係することだが、ベクトルを合わせることによって私たちは全員参加で経営する段階に到達することができるのである。

【ベクトルを合わせる】

人間はそれぞれさまざまな考え方を持っている。もし社員一人ひとりが、各自のバラバラな考え方に従って行動を始めたら会社はどうなるだろうか？

それぞれの人の力の方向＝ベクトルが揃わなければ力は分散し、会社全体の力としてまとまることはできない。これは野球やサッカーなどの団体スポーツを見れば一目瞭然である。全員が勝利に向かって心を一つにしているチームと、各人が個人の目標にしか向いていないチームでは力の差は歴然としている。

全員の力が同じベクトルに集結したとき、一＋一＝二ではなく、五にも、一〇にもなるように、何倍もの力となって驚くべき成果を生み出すものである。

――五年前、メイプロ・ジャパンで富士山へのバスツアーを行ったことがある。その時点でメイプロフィロソフィ出発する前、私は「稲盛経営一二カ条」について話した。その時点でメイプロフィロソフィをよく知らない新人スタッフや契約社員が数人いたからだ。また、メイプログループ内で達成したい精神的幸福についても話した。というのも、私は精神的ベクトルを合わせることで高い利益が達成できれば、物質的な幸福は追随すると信じているからだ。

バスツアーでは、自己紹介を兼ねて、社員一人ひとりの好きな食べ物や大学での専攻を当てるクイズゲームを行った。夕食時には、さらにスタッフとコミュニケーションを取る機会があり、彼らをもっとよく知ることができた。また、余興としてコミカルなパフォーマンスもステージ上で披露されて楽しい時間を過ごし、その晩はカラオケを歌う人たちもいれば、翌朝五時までビジネスについて熱く語り合う人たちもいた。

最終日にはチームワークを学ぶためのグループエクササイズを行い、富士山の美しい景色を眺めながらバーベキューを楽しんだ。その際、私は、スタッフ全員から創立四〇周年を祝う美しいカードを贈られ、とても嬉しかったのを今も覚えている。

このバスツアーにより、私はメイプロ・ジャパンのスタッフが同じ目標に向かって団結し、ベクトルが合致したのを感じることができた。メイプロ・ジャパンをモデルに、アメリカと中国のスタッフも同じベクトルに一致団結して進むことができるよう願っている。

【渦の中心になれ】

前項でも述べたように、企業の経営者はスタッフ全員が同じベクトルに向かって欲しいと考えている。同時に、経営者はスタッフ自らいろいろなチームを作り、社内の他の人たちと協力しながら率先して具体的目標に向かって欲しいと期待している。

そうしたチームを私は〝渦〟と名付けたいと思う。たくさんの異なる〝渦〟を社内に作り、さまざまな目標を目指して欲しい。例えば、商品販売推進チームやスペシャルアスレチックチーム、あるいは、メイプロフィロソフィを完成させるためのプロジェクトチーム……といった具合である。これは当然、各アメーバを横断する形で構わない。

仕事を中心に据えた情熱的な〝渦〟を作り、自分が〝渦〟の中心になって周囲を巻き込みつつ、リーダーとして自分のスキルも磨いてワンランクアップするのが理想である。

例えば、素材チームのあるスタッフが新素材に強い関心を寄せているとする。

その場合、彼は他のスタッフと共に新しい〝渦〟を作って取り組めば良いのである。また、別のスタッフは「〝大家族主義〟（後述）の一環として会社にアスレチックチームを作るべきだ」という意見を寄せてくれたことがある。だとしたら、卓球チームやテニスチームを作ってリーダーになれば良いのだ。

このように、私はメイプログループ内にさまざまなジャンルの〝渦〟が活動しているような状況を数多く作り出して、より活気をもたらしたいと考えている。

【心に描いた通りになる】

ものごとの結果は、心に何をどう描くかによって決まってくる。

心の中に〝どうしても成功したい！〟と強く思い描けば成功するが、〝できないかもしれない〟〝失敗するかもしれない〟という思いが心を占めてしまうと、水が低い方に流れるのと同じで、現実問題として失敗を招いてしまうことが多い。

何事も自分の心が呼ばないものが自分に近付いてくることはない……ということは、現在の自分の周囲に起こっている全ての現象は、自分の心の反映でしかないのである。マイナスのことばかり考えている人には、絶対にプラスの現象は起きないのである。

だから、私たちは怒り、恨み、嫉妬心、猜疑心……など、否定的で暗い感情を心に描くのではなく、その反対に夢を持ち、明るく、きれいな理想を心に描かなければならない。

明るく希望に満ちた夢を心に描くことで、現実の人生も素晴らしいものになる。

たとえば、メイプロにおける実際のビジネスシーンでは次のような例がある。

ある時、上海のオンライン通販事業が多くの予期せぬ問題に遭遇していた。しかし、中国の経営陣と私は〝何があっても成功しなければならない〟と信じ込んでいた。また、東京の単品リピート通販に関わる経営陣やスタッフも〝何があっても成功しなければならない〟と信じ込んで業務に邁進した。他のオフィスのスタッフも同様で、その結果、強く心に描いたことで結果として成功を呼び込んだのである。

現実問題として、メイプロに利益をもたらし、スタッフに精神的・物理的な幸福をもたらそうと考えて経営陣が取ってきたいくつかのプランに対し、スタッフ全員が完全に喜んではいないかもしれない。

しかし、怒りや憎しみ、妬みのような否定的な考えにとらわれず、希望に満ちた前向きな考えで行動して欲しい。なぜなら経営陣はグループ全体のためになること、全従業員の精神的・物理的幸福を追求するために問題を解決しようと努力しているのだから。

第七章　成功のための経営哲学―メイプロフィロソフィ―〈二〉

【常に謙虚にして驕らず】

私は稲盛和夫塾長と出会って以来、常にあらゆることにおいて謙虚であることを第一義に考えている。

世の中が豊かになるに連れて、自己中心的で主張の強い人間が増えているように思われる。しかし、そのような考え方ではエゴとエゴとの争いのみが生じ、チームワークを必要とする仕事などできるはずがなく、精魂込めたビジネスも傾いてしまうものだ。

自分の能力と成功を鼻にかけ、傲岸不遜になるようなことがあると、周囲の協力を得られないばかりか、自らの成長を妨げることにもなる。これはメイプロを創業し、「稲盛経営一二カ条」と出合う前の、まさに天狗になりかけていた私のようなものである。

各アメーバユニットのメンバーたちがベクトルを合わせ、良い雰囲気を保ちながら最も高い能率で職場を運営するためには、常に〝みんながいるから自分が存在できる〟という感謝の気持ちと、謙虚な姿勢を持ち続けることが大切である。

過去のある時期、あるメンバーが自分のポジションや能力に自信過剰になり、謙虚さを失って傲慢になったことがある。彼は自分が非常に素晴らしい仕事をしていると思っていたが、より経験豊富な視点から見ると、ほどほどの仕事をしているに過ぎなかった。

謙虚さを失った人間は他人の言うことに耳を傾けなくなるので、周囲はその人に率直に正直な意見を言わなくなる。その結果、彼は同僚や上司の支持を失い、失敗と失望の方向に向かい始める。言わば、破滅に向かって一直線のようなものである。

これは自戒の意味も込めて言うが、そうならないためには常に謙虚な気持ちを忘れず、心を開いて周囲のアドバイスや意見に耳を傾けて欲しいものである。

【部下の得意な分野ではできる限り任せ、苦手な分野では完全には任せない】

各アメーバのスタッフは、自分が所属するユニット、部門、そして、会社全体の最大利益のために上司と真剣に、率直で、熱い議論を行うことを奨励されている。

チームリーダーは、スタッフが正しい判断を下していない場合には決定を調整する必要がある。あるいは、スタッフの決定を覆して元の指示を主張する可能性もあるだろう。

そのような場合には、たとえ上司の指示に反対、あるいは別のアイデアを持っている場合でも、スタッフは上司の指示を実行しなければならない。

それでもスタッフが直属の上司の指示に同意できない場合、経営陣が関与するのに十分なレベルの問題であれば、経営陣に意見を求めることができる。

基本的に経営陣はそのスタッフの直属のチームリーダーの意見を尊重するが、場合によってはスタッフの側に立ち、その上司が知らなかった、あるいは注意を払っていなかった要因を見極め、それに基づいて指示を変更することもある。

直属のチームリーダーは、動機付けのためにもできるだけスタッフの考えを実行させようとするべきであるが、決定と実行を任せる前に、彼らの考えの強みと弱点を慎重に分析する必要がある。基本原則としては、チームリーダーはスタッフの得意分野では可能な限り彼らに委任すべきだが、彼らの苦手分野ではそれほど多くを任せるべきではない。

ただ、チームリーダーが適切なダブルチェックを行わなければ重大な問題が発生しやすいので、チームリーダーは可能な限りスタッフの弱点を認識し、カバーする必要がある。

【収益性の高い売上はほとんどの問題を解決する】

ビジネスにおけるさまざまな問題の解決策を見出すため、経営陣は常に自分たちのビジネスを分析している。その際、私の経験上ほとんどの問題は十分な利益を上げれば解決できる。そして、利益とは〝粗利を最大限に、経費を最小限に〟の原則で作られている。

私の場合、創業直後はお客様からも卸業者からも電話一本かかってこなかった。なぜなら、業界の親しい友人以外にメイプロという新しい素材サプライヤーを知る人はいなかったからだ。そこで私は社名を宣伝するため顧客やサプライヤーに電話を掛け続け、また、手紙を書き続けた。一方で、私はあらゆるセールステクニックを駆使して、顧客に受け入れられる最高価格とサプライヤーが承諾する最低価格を探り当てた。それが〝値決めは経営〟と〝粗利を最大に〟というメイプロフィロソフィに結実した。

当時は飛行機で出張する余裕もなかったので、顧客と会うために私は執拗に電話やテレックスでメッセージを送信し続けた。その点で常に〝経費を最小に〟を心掛けていた。

大変な努力と創造力を駆使した結果、私はいくつかのビジネスを成功させ、ある程度の利益を得た。しかし、売上金額や粗利益率が不十分で窮地からなかなか脱せなかった。

解決策は至極簡単で、必要なのは利益だった。それらの利益を生み出すために、私はただもう商品を売りまくるしかなく、私は前述したように猛烈に働いた。

その後、「こんにゃくマンナン」の成功で、飛行機で出張できるようになり、管理部門アシスタントや優秀な会計責任者、営業スタッフを雇うことができるようになり、さらにはマンハッタンのオフィスに引っ越すことができるなど、数々の問題が解消できた。

新しいセールス部門と管理部門のスタッフには、私が初期の頃に抱いていたのと同様の感覚を持って欲しいと願っている。新しい営業スタッフは、販売するだけでさまざまな問題から抜け出すことができる。今やメイプロには、製品、顧客、および信用ある社名があり、リスクを取って経費を割り当てることも可能になった。

これを逆説的に言えば、〝売って利益を上げることができなければ、いろいろな問題が起こる〟わけで、常に妥当な利益を上げながら売る必要があり、そうでなければ企業の機能と価値が失われる。創造的で粘り強い行動指向でなければならないし、管理部門スタッフは質の高い仕事を目指し、より効率的に仕事をこなし、経費を削減すべきである。

個々の営業担当者の取り組みの重要性はいくら強調してもし過ぎることはない。問題を解決し、ビジネスを拡大したいのであればやることはただ一つしかない。

それは、ただひたすらに〝売って！　売って！　売りまくる！〟ことなのだ。

【大家族主義で経営する】

私は家族のような信頼関係を大切にしている。

そして、人の喜びを自分の喜びとして感じ、人の悲しみも自分のことのように悲しみ、苦楽を共にすることが全従業員を結び付ける〝絆〟だと考えている。

家族のような〝絆〟によって従業員同士がお互いに感謝し合い、お互いを思いやることができる。こうした仲間への信頼は職場関係の基盤でもある。

従業員がお互いに必要な時に理屈抜きで家族のように助け合い、プライベートな悩みでも親身になって一緒に考える。〝心をベースとした経営〟とは、家族のような関係を大切にする経営のことを意味している。

毎年末のホリデイパーティーで、スタッフがまるで本当の家族のようにおしゃべりや交流を楽しんでいるのを見ると、私は心から嬉しくなる。また、あるスタッフが他のスタッフの個人的な問題や仕事上の問題を解決しようと一生懸命になっている姿を見かけると、心底ありがたいと思う。〝〇〇〇さんが結婚する〟〝×××さんに赤ちゃんが生まれた〟といった話を聞くと私はとても嬉しくなり、みんなにも喜んでもらいたいと思う。

いつまでもこのような〝絆〟を基盤に、メイプロを経営したいと願っている。

【家族関係は仕事と個人的生活をうまくいかせるための基盤。自分の家族を大切にする】

既に述べたように、私はこれまで〝誰にも負けない努力をする〟ことを自分にも相手にも要請してきたので、この項目はなおさら重要だと感じている。誰にも負けない努力をするためには、仕事に時間とエネルギーの大半を費やさなければならないからだ。

しかし、だからと言って家庭や愛する人を犠牲にしていいとは思っていない。

私はこれまでの人生でたくさんの成功者、幸福な人々を見てきた。彼らのほとんどは非常にポジティブで健全な家族関係を保っている。一方で、私がこれまで知っている成功できなかった人たち、不幸に陥った人たちの多くは、この点において逆だった。

たとえば、メイプロ社内でも問題を起こして会社に損失を与えた元スタッフのほとんどは、家族関係が良好ではなかったようだ。

ただし、メイプロにはまだ独身のスタッフがたくさんいる。そこで――もちろんあなた自身が何を求めるかによっても違うが――同じような価値観を持ち、長期的にお互い仲良くやっていけるような愛するパートナーを見付けて欲しいと願っている。

そこから先、現在のＬＧＢＴＱ（性的マイノリティー）の考え方からは外れてしまうかもしれないが、その後は、健全な家族の一員になる子供たちに恵まれることだろう。彼らを愛し、良い教育を施し、生涯を通じて楽しい家族関係を続けることだろう。

私の場合、幸運にも私と同じような価値観を持ち、常に私を支えてくれる配偶者と出会うことができた。そうは言っても、私は自分の時間のほとんどを会社を存続させ、発展させるために費やしてきたので、結婚間もない頃は妻との時間を余り持てなかった。そこで私は今、〝罪滅ぼし旅行〟とでも呼ぶべき海外旅行に妻を連れて行っている。

妻自身も絵画やコーラス、パイプオルガン演奏、ロータリークラブ活動などを通して個人の生活を楽しんでいる。私たち夫婦は創業後に生まれた子供も加えて四人の娘に恵まれたが、アメリカ永住を決めた時、娘たちをバイリンガル（二つの言語）とバイカルチュラル（二つの文化）になるよう育てようと決意し、できる限り最高の教育を与えた。

2018年12月、妻・紀子と一緒に南極大陸まで旅をする

2019年12月、ドバイからのクルーズ船内にて娘たち夫婦や孫と一緒に記念写真

妻と私は多くの時間、エネルギー、あるいは学校の授業料を費やしたが、娘たちは四、五年間、全日制の日本人学校に通った。その後の高等教育に関しては、私たちにまだ十分な収入がない時代であったので経済的には大変苦労したが、前述したように娘たちは奨学金などを得て名門大学に進学することができたし、日本の一流大学に留学し、さらには大学院にも通ってMBAを取得し、現在は一流企業で仕事をしている。四人全員が日本語でコミュニケーションを取ることもできるし、日本の文化をとても深く理解している。

四人の娘の内、二人はニューヨーク、二人はミネソタとシアトルに住んでいるが、私たちはさまざまな機会を作って家族の親睦会を楽しんでいる。それがまた私に、大きな喜びと新たな活力を与えてくれている。だから、私は今も〝誰にも負けない努力をする〟ことを自分に要請しているが、同時に〝家族を大切にした〟とも思っている。

【ビジネスと人生で成功するために「メイプロフィロソフィ」を理解し、実践し、人に教えるのと同時に、あなた自身の価値観に基づいて、あなたの趣味、休暇、私生活を楽しむべきである】

私はこれまで、仕事やプライベートで一五〇の国と地域を旅してきた。

起業したばかりでお金を使う余裕がなかった時でも、少なくとも夏休みとして二、三日は家族と一緒にロングアイランドやポコノ山脈、ジョージ湖に行くようにしていた。

最近では、妻と一緒に初めて南極大陸に足跡を残したのみならず、アラブ首長国連邦のドバイで世界で最も高い地上八二八メートルのブルジュ・ハリファの最上階に上がり、デザートサファリと呼ばれる砂漠ツアーにも参加した。

また、スリランカでは、巨大な岩の上の洞窟にある仏教の寺院に行ったり、一二〇〇段もの非常に急な階段を登って地上二〇〇メートルの崖の頂上にある「シギリヤ」として知られる紀元五世紀の王国遺跡を見たりした。

近年では毎年冬には家族や孫たちと総勢一三名でカリブ諸島に行くなど、ホリデイ期間中は、夜も早朝も働かずにほぼ全日休暇を楽しむようにしている。

それでも週末には趣味を楽しんでおり、ビジネスで海外に行く時も、日本では大学時代の友人とテニスをしたり、上海では元中国代表監督と卓球をしたりしている。競技ダンスも続けていて全米選手権のシニアの部にも参加し、スキーを楽しむこともある。

私は自他ともに認めるワーカホリックで、起業当初から通常の平均労働時間よりも三倍以上は働きたかったので、常に週一〇〇時間以上働いていた。しかし、その一方で夏と冬の両方で休暇を取るようにしており、健康を維持し、家族との良好な関係を維持し、ストレスから自分を解放するようにしている。

何より私は何度も言うように〝誰にも負けない努力をする〟ことを強く要求しているが、スタッフにはそれぞれの価値観に基づいて仕事と私生活をうまく両立させることができるよう、仕事とバケーションと趣味を楽しむ独自の方法を見つけるべきと考えている。

【利他の心を判断基準にする】

第五章で書いたように、私たちの心には自分だけが良ければいいと考える〝利己〟の心と、自分を犠牲にしても他の人を助けようとする〝利他〟の心がある。より良い仕事をしていくためには、自分だけのことを考えて判断するのではなく、周りの人のことを考え、思いやりに満ちた〝利他〟の心に基づいて判断すべきである。

これは私が心酔している稲盛哲学全体の中核を成すものである。

私たち人間は種として生き残り続けるために利己的になるように作られているが、その一方で、人間は他の動物とは異なり美しい利他的な心を持っている。

稲盛塾長も私も〝経営は人間の心の絆をベースに行うべき〟と信じていて、私はメイプロの全従業員がグループの一員として、お互いの強い絆をベースに同じ方向性と目標を目指す状況を作って邁進して欲しいと考えている。

最も強い人間の絆は家族の絆であるが、それを広げていけばスタッフ全員も家族のようなものである。その点で利己的な利益だけに基づくのではなく、他者を思いやる〝大家族主義〟の原則に基づいてメイプロを経営したいと願っている。

メイプロはアメーバ経営システムを採用しているが、もし、各アメーバユニットのリーダーとメンバーが利己的に考え、他のユニットにはおかまいなしに自分のユニットの利益だけを最大化しようとすると、このシステムはうまく機能しない。

当然、各アメーバユニットは自分たちの収益性を高めるためにできる限り努力する必要があるが、同時に他のユニットにも配慮する美しい利他の精神を実践しないといけない。

また、お客様やサプライヤーとの取引を行う際にも、この利他的なアプローチを維持する必要がある。メイプロが利己的な考えだけを持ち、お客様やサプライヤーの利益を考慮しないままでいたら、ビジネスを継続することはできない。遅かれ早かれ、相手はメイプロとのビジネスを続けたくないと感じ始めるだろう。

〝より利他的な人間になるために、常に自分自身を改善する努力をすべきである〟

――非常に難しいことではあるが、それが最も重要な哲学であることは間違いない。

【動機善なりや、私心なかりしか】

心に大きな夢を描き、それを実現しようとする時、〝動機善なりや〟ということを自らに問わなければならない。自問自答して、自分の動機の善悪を判断するのだ。

その際、善とは普遍的に良きことであり、普遍的とは誰が見てもそうだということだ。自分の利益や都合ではなく、自他ともに動機が受け入れられるものでなければならない。

また、仕事を進めていく上では〝私心なかりしか〟という問いかけも必要である。利己、つまり、自己中心的な発想で仕事を進めていないか常に点検し続けなければならない。

動機が善であり、私心がなければ結果を問う必要はない。必ず成功するからだ――これもまた稲盛塾長の哲学である。

通信会社のＫＤＤＩは、前述したように稲盛塾長が設立したＤＤＩがＫＤＤとＩＤＯと合併して誕生した会社だ。二〇二二年三月の売上高は五兆円を超える巨大企業だが、DDIを起業した時、稲盛塾長は通信事業について何も知らなかったという。

しかし、当時、非常に高価だった日本の通信コストに不満を抱いていたので、トヨタ自動車を含む他の巨大企業と競合するこの事業に参入することを決意し、日本のユーザーが電話料金を大幅に削減できるようにした。稲盛塾長の最初の投資額は一〇億ドル（約一〇〇〇億円）であったが、京セラの内部留保金がまだ一五億ドル（約一五〇〇億円）だったのだから、これは非常に大胆な投資であったのは間違いない。

稲盛塾長は行動を起こす前の半年間、毎日約三〇分間、〝動機は純粋に善か、それとも利己的か〟と自問し続けたという。そして、動機が利己的ではなく善であると確信して初めて決断した。その後、ＤＤＩは、巨大なＮＴＴおよび他の新規参入会社二社と競争する中で、ありとあらゆる苦難に直面し、克服してきた。稲盛塾長は、自分の成功の原因は主に動機が利己的ではなく、善＝高潔であったからだと信じている。

一方で、私の場合、当初は生き残りを賭けて新しい事業を始めたので、それぞれのビジネスモデルに対するモチベーションは高尚なものではなかった。しかし、最近ではＲＯＩ（費用対効果）の分析に加えて、常に〝動機善なりや、私心なかりしか〟と自問している。

メイプロの場合、既存と新規、それぞれのプロジェクトには「人々を健康にし、効果的かつ安全なサプリメント素材や完成品サプリメントを提供することにより、人類をより幸せにする」というミッションが常にベースにある。

人は誰しもビジネスをするに当たってはＲＯＩの分析だけでなく、その商品や素材が人類にとって〝善〟、つまり安全で効果的であるかどうかを必ず確認して欲しい。なぜなら、それがビジネスの命運を握っているからだ。

【能力を未来進行形でとらえる】

現実は厳しく、今日一日を生きることさえ大変かもしれない。

しかし、その中でも未来に向かって現在進行形で夢を描けるかどうかで人生は決まってくる。自分の人生や仕事に対して〝自分はこうありたい、こうなりたい〟という大きな夢や高い目標を持つことが大切である。

人生・仕事の結果＝人として正しい考え方×熱意・努力×肉体的・精神的能力である。

私の場合、メイプロを栄養食品業界一番の企業にしたいという夢を描き続けて行動してきたことで今日があると言っても過言ではない。素晴らしい夢を描き、その夢を一生かかって追い続ける――それが生きがいとなり、人生もまた楽しいものになっていく。

これまで八〇年近く生きてきて、自分の人生とメイプロの歴史を振り返ってみた時に、私はメイプロフィロソフィの中でも、この項目が当社の成功のための非常に重要な原則であることに気付いた。強烈な願望や夢を持ち、着実にかつ集中的な行動で努力し続ければ、その願望や夢を実現することができるのである。

――以上、メイプロフィロソフィ50カ条の一部を紹介した。基本的に稲盛哲学および私とこれまでのメイプロの歩みをベースに考えたものだ。当然、主語はメイプロになっていることが多いが、メイプロという言葉をあなた自身やあなたの会社に置き換えることで、これらの経営哲学は普遍的なものとなり、挑戦してみることができると思う。

全ての項目は本書の巻末に掲載しているので、そちらもご一読いただきたい。

終　章　メイプロの国際化・多角化と将来の目指す道

◎メイプロ製ダイエット素材の日本占有率が増大！

西暦二〇〇〇年を迎えるにあたって、コンピューターの誤作動を不安視する「二〇〇〇年問題」が世界中で話題になっていたが、さほどのトラブルもないまま二〇〇〇年代に突入して、あっという間に新世紀の二一世紀がやってきた。

この間、日本では一九八九年に昭和天皇が崩御されて、昭和から「平成」の時代となって既に十数年が経っていた。

メイプロインダストリーズが手掛けているアメリカ製ダイエット素材の日本市場の占有率は、その頃には五〇パーセントを超えるようになっていたと思われる。

また、世界市場でも「グルコサミン」や「コンドロイチン」、「コエンザイムQ10」、「オメガ3」などは巨大な市場を形成しているが、私が創業した頃には全く存在していなかった市場で、これらの素材はメイプロが初めてアメリカ市場に紹介したものだ。

今では全て中国に移転してしまったのは残念であるが、これらはメイプロの成長に貢献した素材群である。いずれも高齢者向けのサプリメントの代表的な物で、今では名前をよくご存知の方も多いと思う。

【グルコサミン】

島根県産の紅ズワイガニの殻から抽出した関節の痛みを抑えるサプリメント素材。現在は中国のザリガニ、ベトナムやインドのエビの殻から抽出している。

【コンドロイチン】

サメの軟骨から抽出した成分で、関節の痛みを軽減する素材。メイプロはＭ水産会社と組んで参入した。現在は牛の骨を使用している。

【コエンザイムＱ10】

コエンザイムＱ10とは、肉類や魚介類、あるいはナッツ類などに含まれている脂溶性の物質である。エーザイが日本では医薬品として販売していたのを、メイプロがサプリメントとしてアメリカ市場に紹介した。ＦＤＡがなかなか認可しなかったが、最終的にサプリメントとして認可されて今日に至っている。

2006年、NBJ Summit Meetingで生涯功労賞を受賞

さて、二〇〇六年のことだが、私はこれらの大型新素材を初めてアメリカ市場に紹介し続けた外国籍のビジネスマンとして、業界で最も権威のある「ニュートリション・ビジネス・ジャーナル」誌主催のNBJサミットで「生涯功労賞」をいただいた。

大変名誉な賞に私は感動したものである。それから八年後の二〇一四年には、ディシェイ法と呼ばれるサプリメント業界に多大な貢献を果たした法律の制定を働きかけたトム・ハーキンという上院議員が同じく生涯功労賞を獲得したという事実からも、同賞が業界でいかに権威があるかもお分かりになると思う。

アメリカの上院議員が受賞するほどの賞をもらっているのだから大変嬉しい出来事で、一九七一年に渡米し、メイプロを起業して以降の全ての努力が報われたように思えた。

また、アメリカ最大の業界展示会では、毎年、最も優秀な素材に対してニュートリアワードを選定しているが、メイプロはこれまでＡＨＣＣ（シイタケ菌子体の培養抽出物）、オリゴノール（ライチから抽出した世界初の低分子量ポリフェノール）など四品目の素材が同賞を獲得している。単一企業で四品目の受賞は世界広しと言えどメイプロだけの栄誉で、二位のＤＳＭというオランダの巨大総合化学メーカーにしても二品目しかない。

このうちの一つ、ＡＨＣＣは現在、メイプロのトップ素材となっている。二〇二〇年以降、世界中で猛威を振るう新型コロナウイルスだが、とりわけアメリカの被害は大きい。ＡＨＣＣは、そんな新型コロナウイルスを恐れるアメリカの消費者をこの二年数カ月間救ってきたと言っても過言ではない。

――故に、メイプロのミッションに賛同する社員が誇る有力素材・製品となっている。

◎メイプロの国際化と多角化へのアプローチ

現在、メイプロはニューヨーク、ロサンゼルス、東京、上海など世界七カ所に拠点を持っている。内訳はアメリカ法人が約六〇パーセントで、次いで日本法人が三十数パーセント、中国法人は一〇パーセント以下である。
前述したように、幸いなことにメイプロは創業以来一度も赤字を出すことなく成長を続け、税引き前利益率は一二パーセント以上であった。稲盛和夫塾長は利益率は最低でも一〇パーセント以上であるべきとおっしゃっているので、メイプロはぎりぎり合格点をもらえるといったところだろうか。

また、現在の売上高は、私がわずか五〇〇〇ドルからスタートしたことを思えば、一つの到達点として感慨深い数字ではあるが、当然、上を見ればきりがない。ということは、現在の数字も一つの通過点であり、今より〇を一個でも二個でも多くつけた金額を達成できるよう働き続けたいと考えて行動している。

さて、メイプロが国際化と多角化を進める過程で、私はさまざまなことを学んできた。中でも一つ分かったことは、サプリメントはいろいろな仕事の中の一つに過ぎないということだ。つまり、前述したように、〝人々を健康にし、人類をより幸せにする〟がメイプロの大きなミッションということだ。

それ故に、健康という点でとらえるとサプリメントにとらわれることなく、例えばスポーツジムを経営してもいいし、体温計などの医療・健康機器を手掛けることが将来的にはあるかもしれない。もちろん、無闇に手を広げるわけではないが、今後のビジネスの可能性は無限に広がっていることだけは確かだ。

——ここまでサプリメントなどの化学製品を中心にメイプロの歩みを紹介してきたが、メイプログループとしての一九九〇年代後半からの沿革を簡単に紹介しておきたい。

【一九九八年】クオリティ・オブ・ライフ・ラボUSAの設立

メイプロはアメリカで汎用製品素材、あるいはPBI（サプライヤーのオリジナル製品素材）などの素材を販売することでかなりの成功を収めることができた。

そうした経験から、私は、メイプロ自身で最終製品を製造して販売すればさらに付加価値が上がり、利益も増えるであろうという仮説を立てた。そして、約四半世紀前の一九九八年に、全く未経験であった最終製品の販売業務を開始した。

その会社が、「クオリティ・オブ・ライフ・ラボUSA」である。

当初は販売経費や広告・パブリシティー費用などで多額の経費が掛かることに目を向けず、かなり苦労も経験したものだ。しかし、現在ではクオリティ・オブ・ライフ・ラボU

ＳＡのダイレクト販売ビジネスは成功を収めている。

ちなみに、〝ＱＯＬ（クオリティ・オブ・ライフ）〟という言葉は今でこそ「生活の質」として広く浸透しているが、命名した当時はまだまだ一般的ではなかった。

そこで、なぜ〝ＱＯＬ〟と名付けたかについては特記しておきたい。

当時、最終製品の販売会社を設立するに当たって、私は会社名を何とすべきか夢中になって考えていた。仕事中はもちろん、食事や風呂に入っている時など起きている間だけでなく、寝る前のベッドの中でもこういうのはどうだ、ああいうのはどうだろうと集中して考えていた。それこそ潜在意識に届くほど真剣に会社名を考え続けていた。

そんなある日、ある時、まるで稲妻に打たれたように頭の中に閃いたのである。

〝クオリティ・オブ・ライフ！〟

――それだ！　なんて良い名前なんだ！

私はすでに同じ名前がないか、さっそく契約している法律事務所で会社名を調べてもらったが、幸いなことに同じ名前は登録されていなかった。

稲盛塾長も「稲盛経営一二カ条」の中で、強烈な願望を心に抱いていれば、斬新なアイデアが突然、稲妻のように湧いてくるとおっしゃっているが、まさにその通りのことが起きたのだ。私は感動を抑えきれなかった。

ＱＯＬは今ではメディアが「生活の質」を表現するときに使用する言葉であり、メイプロが宣伝しなくても自然と会社名が浸透していくという、実に素晴らしい商標で、ライバル会社も羨むほどの会社名である。まさに天に選ばれた名前と言っていいかもしれない。

【二〇〇二年】メイプロ・ジャパンの設立

それまでメイプロでは日本向けの素材は商社を介して販売していたが、各種ダイエット素材やＰＢＩの日本向け輸出が成功していることから、商社に頼ることなく日本法人を設立し、素材やＰＢＩ、ブランド最終製品、リピート通販などを扱う会社を立ち上げた。

【二〇〇三年】メイプロ・チャイナの設立

メイプロは天然ビタミンＥなどの日本産汎用素材のアメリカへの輸入で基礎を築いたが、これら汎用素材の供給ソースは時代を経るに従って、徐々に中国へと移行していった。

そのため、二〇〇三年に中国の輸出会社で働いている人物をパート社員として雇用し、上海にメイプロ・チャイナを設立して輸出業務を代行させ、その後、その人物を正式な社員に採用して、主に素材の輸出業務の取り扱いを任せた。

さらに、クオリティ・オブ・ライフ・ラボＵＳＡの最終製品の取り扱いを始め、現在では中国へのＰＢＩの輸入業務の他、オンライン取引にもチャレンジしている。

この人物は現在もコンサルタントとしてメイプロに貢献してくれている。


【二〇〇四年】クオリティ・オブ・ライフ・ラボ・ジャパンの設立

前述したように、これまでＰＢＩ素材を日本市場に投入していたが、これを最終製品として投入すればさらに付加価値が上がるだろうとの想定のもとにクオリティ・オブ・ライフ・ラボ・ジャパンを日本市場にも設立した。

スタートから四年間は赤字で、一時は閉鎖を決断する瀬戸際まで追い込まれたが、ちょうどその頃、テレビショッピングで販売するコラーゲンの事業から大きな利益が上がり始め、幸いなことに現在は成長を続けている。

当初の数年は塗炭（とたん）の苦しみを味わったが、受託加工、ブランド製品の販売などで成功を収め、現在は日本でトップダイエット製品となった脂肪を減らすサプリメントなどが主な収益源となっている。

◎メイプロ拡大時に遭遇したさまざまなリスク

こうして二〇〇〇年代以降も多角化と国際化を進めてきたメイプロだが、必ずしも順調に成長してきたわけではない。会社が大きくなって取り扱う商品が増え、社員はもちろん取引先が増えるに従って、大なり小なりトラブルは必ず付いて回るというものだ。

一つ明記しておきたいのがコエンザイムQ10を巡るトラブルである。

コエンザイムQ10は一九九〇年頃から私が開発に携わった素材だが、日本では医薬品として販売されており、サプリメントとしては全くヒットしていなかった。

その後、資生堂がダイエット効果に着目して一大キャンペーンを始め、さらに、コエンザイムQ10を摂取することでスタチンという薬品の常用で起こる筋肉痛を軽減できるという主旨の論文が出たことから、世界的な供給不足に陥った。

その結果、一キロあたり一〇〇〇ドルだった市場価格が三〇〇〇ドルにも跳ね上がり、メイプロは大きな利益を得ることができた。

ところが、その後、日本製品は価格的に競争力がなくなったためにメイプロも中国製品に供給先を変える必要があった。しかし、日本企業のメーカーK社が、中国製品は特許違反だとしてメイプロなどに対して訴訟を起こしたのだ。

最終的に中国企業に対する訴訟は何年も続いたが、メイプロ自体は実際に輸入していないこともあり訴訟を免れたのである。

他にも、中国人やアメリカ人のスタッフに裏切られたことがある。

彼らに共通していることは、いずれも裏で自分の会社を持っていて、メイプロの情報を私的流用していた点である。みんな表面的には社交的な性格で、程度の差こそあれ、営業成績も良く会社に貢献していた。その結果、私もついつい彼らを信用して、将来は幹部候補と考えて高度な情報に触れることを許してしまったのだ。

彼らにすれば〝してやったり〟であろうが、結局、悪事は白日の下にさらされるというものだ。ある日、とある理由で彼らの素顔が判明し、即刻、訴訟に至った。それ以降、〝ダブルチェックの重要性〟を肝に銘じ、同じことが起きないよう徹底した。

――このように、メイプロ設立当初に直面した人材のトラブルとはまた違う形だが、用心してはいても時には災難に遭ってしまうことは免れない。どうやら私の人を信じやすい性格がこういった人材のトラブルに遭遇する可能性を高めている可能性は否めないが、だからと言って人を信じることをやめるわけにはいかない。

なぜなら、彼らはメイプロに関係した人間の内のごくごく一部であり、私はそれ以上に何十人、何百人……と素晴らしい人物に出会えているのだから。

たとえば、前述した栗原君もその一人で、彼は独立したばかりの私と一緒に仕事がしたいと願い、「サラリーマンではなくビジネスマンになりたい」と言って会社を辞めてやってきてくれた。

彼はその時、まだ二〇代の前半だった。仕事の関係で私の存在を知った彼は、なんと来日中の私のホテルを探し当てることまでして私に一通の手紙を届けてくれた。そこには私と一緒に働きたい旨の熱い思いが書かれていた。感動した私は彼の希望に応えて入社を承諾した。当時、メイプロはまだ社員数人の小さな会社であったが……。

その際、栗原君は「会社を辞めるに当たって現在継続中の仕事は全て終わらせて、誰にも迷惑をかけずに辞めたいのでそれまで待って欲しい」と私に告げた。まさに〝立つ鳥跡を濁さず〟で、私はこの言葉に感心すると同時に、この若者は信頼できると思った。

私の決断は大正解で、彼はその後のメイプロの成長に多大な貢献をしてくれた。そんな栗原君も今は還暦を過ぎているのだから、時の移ろいとは早いものである。

彼ら一人ひとりのお陰でメイプロは今日まで成長を続けてこられたのだから、私はメイプログループで働いてくれている全ての社員に感謝したいと思う。

◎サプリメントビジネスの展望とメイプロの未来

メイプロは今日まで日米のサプリメント（栄養補助食品）業界で躍進してきた。

冒頭にも書いたように、最新の調査（二〇二〇年）で世界のサプリメント市場は一二〇〇億ドル（約一七兆円）を記録し、今後も八パーセント以上の成長率が見込まれている。

これを国別に見てみると、アメリカが約三三パーセント、中国が約二〇～二五パーセント、ヨーロッパが一五パーセント、続いて日本が約一〇パーセントとなっている。

日本の成長率は二〇二〇年、二〇二一年が二〇～二五パーセントで、近年では平均一〇パーセントとなっている。アメリカの場合、健康保険に加入していない人が多いために、医師の世話になると医療費がかさむのでサプリメントで健康を維持する、あるいは病気を治すという方向に向かっており、需要はどんどん増えている。

今後、新素材などの研究がますます進み、第二、第三のＡＨＣＣのような新たな需要が生まれる可能性もある。

また、一九九四年に、前述した上院議員の働きかけでサプリメントでも効果効能が謳えるというディシェイ法ができて、科学的なエビデンスがあれば、ある一定の条件下で効果効能を表示できるようになったお陰で売上も右肩上がりを続けている。

ただし、市場が広まれば競合他社も次々と現れるわけで、今後も成長を続けるためには絶対に研鑽は欠かせない。

一方で、日本市場は高齢化しているという意味では高齢者向けサプリメントの需要は今後も期待できるが、人口は減少しているので長期的に見ると、あまり成長が期待できる市場ではないかもしれない。ただし、これまでサプリメントのメインターゲットは女性だったが、ここ数年では男性の購入者も増えてきていることから、男性向けのサプリ市場も広がっていくかもしれない。

そんな場合、メイプロは私自身が日本人で、日本にもスタッフが三十数人いるのでポテンシャルとしてはメイプロがトップだし、日本は得意なテリトリーとなるだろう。

今後のメイプロの方針としては、一番利益が出るのは自社ブランドで直接お客様に販売する仕組みなので、膨大になる広告費との兼ね合いもあるが、お客様を直接、ショッピングサイトに誘導してくるための、そして、お客様に実際に買っていただけるためのノウハウが必要になってくるだろう。

現在はアマゾン中心に販売しているが、アマゾンの手数料も上がる一方なので、そのあたりの仕組みをどうカスタマイズしていくかが今後の課題になっていくと思う。

◎そう遠くない未来、メイプロも宇宙に進出する！

さて、本書の最後にメイプロのミッションについてもう一度考えてみたい――。

何度も言うように、メイプロのミッションは〝人類を健康にし、人類を幸せにする〟ことだ。そもそも企業自体、人類が地球からいなくなったら成り立たないわけだが、逆に言えば、人類が存続する限り、メイプロは存続して成長しなければならない。人類最後の日まで存続する、成長するのが使命であり、いつの日か、メイプロは世界一になる。

――そこから先、人類はいったいいつまで存続するか考えてみて欲しい。

日本では平成から「令和」となって時代は変わり、二〇二二年の二月から今日まで続くロシアのウクライナ侵攻の趨勢によっては、ロシアが核戦争を始めて人類は滅亡するかもしれないし、新型コロナウイルス以上の感染症が大流行したら人類は破滅するかもしれない。あるいは、そう遠くない未来、突然、彗星が衝突して地球そのものが滅亡するかもしれない。極端な話、明日滅びるかもしれないし、あと何万年続くかも分からない。

そんな中でも、人類は宇宙に進出しようとしている。二〇二〇年四月にはNASA（アメリカ航空宇宙局）が地球の一・〇六倍の大きさで温度も地球に近く、水が液体のまま存在できると推定される岩石でできた太陽系外惑星を発見したと発表した。また、宇宙には地球と同じような惑星が五〇〇〇個あるとも言われている。

メイプロの将来の夢は宇宙一の健康追求企業になること

　そもそも私は神戸高校時代から宇宙には興味があって、

大学、社会人時代を通じていろいろな書物を読んできた。今、興味を持っているのは、果たして、この地球が属する天の川銀河あるいはそれ以外の宇宙に、地球のような生命が存在し得る惑星があるのかどうか？　そして、我々人類は将来、その惑星に移住できるのかどうかということである。

将来、科学技術が発展して人類が宇宙に進出して地球に似た惑星に移住し、広い宇宙でさらに存続、発展していくと主張する学者もいる。そうなったら企業も人類と一緒に宇宙に出ていくことになるのは間違いない。だとしたら、人類の健康と幸せをミッションとしているメイプロも宇宙規模の会社になるのはあながち夢物語と言えない。

だから、いつの日にかメイプロは〝宇宙一〟の会社になる！　世界一になると言った起業家はあまたあるが、宇宙一になると言った起業家の名前は聞いたことがない。

◎メイプロの野望は世界一を超えた〝宇宙一〟!!

こういう話を口にすると、以前は社員から鼻で笑われていたものだ。

〝会長、ほら話なんかしないでくださいよ〟

ところが、この一〇年で世界の宇宙ビジネスは飛躍的に進歩している。

ここ数年で、「アマゾン」創業者のジェフ・ベゾスが二〇二一年七月に自身が保有する宇宙開発企業「ブルー・オリジン」の初の有人飛行に搭乗し、短時間の宇宙旅行に成功した。また、航空宇宙メーカー「スペースX」を所有する電気自動車メーカー「テスラ」のイーロン・マスクは、二〇二六年までに火星までの有人飛行を成功させて、最終的には火星に恒久的な基地を作り、人が暮らせる植民地を作る計画を推進しているという。

こうしたことからも、人類が故郷の青い星を飛び出して、宇宙に活動領域を広げることはさほど遠くない未来に現実になると思われる。数年後は無理でも、三〇年後、五〇年後にそうなっていないと断言できる人はいないのではないだろうか。

そうなると、当然のように生活環境が桁違いに変わるはずで、宇宙や火星のように地球とは違う環境下で健康を維持するために、ますますサプリメントの必要性が増していくのは間違いない。また、これまでとは全く異なるサプリメントが発見されるかもしれない。

そんな時にメイプロが貢献できる範囲は、桁違いに大きくなるだろう。

ただし、補足すると、現時点での問題は光の速さ以上のスピードの乗り物がないということだ。前述した地球に似た惑星にしても約三〇〇光年先にあるわけで、これはつまり光の速さの宇宙船でも到着するまで三〇〇年かかるということだ。ＳＦ映画のように空間を捻じ曲げて一瞬で到着するワープ航法のような技術が発見されない限り、今の技術では卵子と精子を凍らせて宇宙船で運ぶという実に気の長い方法しか考えられない。

しかし、この地球に人類が誕生して以来、困難を乗り越えて世界中に広がっていったように、ある日突然、壁に風穴を開けるように画期的な技術が生まれないとも限らない。たとえば現代では当たり前のように存在する飛行機やテレビ、あるいはスマートフォンなどは、江戸時代の人が見たら魔法のように見えるだろう……それと同じことだ。

歴史を遡れば、三〇万年前に我々の先祖であるホモサピエンス（現生人類）がアフリカで誕生し、乗り物も何もない状況下にあってもアフリカ大陸を脱出し、この数万年間で地球の全ての場所に満ち溢れるという偉業を達成している。そう考えれば、いつの日か人類が画期的な技術を発明して、地球に似た星に移住するのも可能なのではないだろうか。

――私が本気で「宇宙一になる！」と言っているのにはこのような背景がある。

ベゾスやマスクが宇宙進出を言い出したのはまだまだ最近のことだが、私は一〇年以上も前から言っている。最近では鼻で笑う人より、私の言葉に賛同してメイプロで働きたいと言ってくれる社員の方が多いくらいかもしれない。

人類が地球を脱出し、環境がよく似た惑星に進出して宇宙に生きる生命体になる日も近付いている。その時はメイプロも宇宙に進出し、いつの日にか宇宙一の企業になることを願ってやまない。それが私が今、心に抱えている〝強烈な願望〟である。

そして、私は稲盛塾長の信ずる仏教の教えにある輪廻転生を続けて生まれ変わり、この宇宙一になったメイプロのＣＥＯに再び就任して経営を続けたい。

――メイプロの一〇〇年から五〇〇年先のＣＥＯと幹部の皆様、創業者の夢を達成してください。責任重大ですぞ（笑）。

追記　母への感謝と競技ダンスに打ち込んだ三〇年間

これから話すことは極めてプライベートな内容なので、メイプロの歴史には組み込むことができなかったが、生涯で初めての本を出すに当たって、やはり、感謝しておきたい人がいるので、最後にもう少しだけお付き合いいただきたい――。

私が今、感謝しておきたい人――それはやはり私を生んでくれた母である。

三〇年ほど前のホリデイシーズンの頃、私の母がニューヨークに来ることになった。彼女は六〇歳を過ぎてから競技ダンスにはまっていた。私はせっかく来るのだから本格的な先生を探してホリデイパーティーで踊ってもらおうと考え、有名なミュージカル俳優であるフレッド・アステアの名前を冠したダンス学校を探し当てた。

私自身のダンス歴はと言えば、神戸外大時代に軽音楽部主催のダンスパーティーに好奇心で何度か参加したことがある程度だった。そもそも基礎のステップ自体を全く知らないので、美しい女性がたくさんいるのにダンスを申し込むこともできず、パーティーの〝壁の花〟ならぬ〝壁のゴミ〟状態で非常に悔しい思いが残っていた。

そこで、この際だから私も基礎のステップだけでも習っておこうと思い、もちろん、母には内緒で私も事前にレッスンを受けた。それが競技ダンスを始めたきっかけだが、やがて、母が来米してホリデイパーティーの日がやって来た。

その日、私は一つのサプライズの遂行を心に決めていた。

宴も盛り上がり、母はニューヨークでもトップクラスの先生に一緒にダンスを踊ってもらい大満悦のようであった。そして、いよいよ私のミッションを実行に移す時が来た。パーティーの途中で一休みしている時、チャチャチャの音楽が流れたので、私はおもむろに彼女の前に立って手を伸ばし、母の目を見てこう言った。

「シャル・ウィ・ダンス？（踊っていただけませんか？）」

そう、私のサプライズとは母と一緒にダンスを踊ることであった。

突然のことに母は目を丸くして驚き、微かに笑って〝あなたが踊れるわけないでしょう〟という顔をした。それでも母は立ち上がり、私の手を取って一緒に踊ってくれた。

踊り終わると母は満面の笑みを浮かべ、息子と一緒にダンスを踊れたことが大変嬉しそうであった。こうして私のサプライズは大成功を収め、今まで苦労を掛けてきた母に少し

競技ダンス歴は30年以上に及ぶ。若手部門の
世界チャンピオンとクイックステップを踊る

は親孝行ができたと喜んだものだ――。

それ以降、私自身も競技ダンスにはまってしまい、リトアニアからやって来てアメリカの大会で第二位になったこともあるご夫妻に指導を受けることになった。私の専門はスタンダード分野のワルツ、フォックストロット、タンゴ、クイックステップ、ヴェニーズワルツなどであったが、さすが一流の先生の指導は厳しかった。しかし、習っている間は仕事のストレスから

解放され、それだけでなく足腰もさらに鍛えられた。

その後は英国で毎年開催される「ブラックプールダンスフェスティバル」の若手部門で世界チャンピオンになったこともあるウクライナ出身のご夫妻に習い、さらに鍛えられた。病膏肓に入るで、全米選手権シニアの部に先生とペアを組んで出場し、第六位に入賞したこともある。ただし、全体で何組出場したかは不問でお許し願いたい（笑）。

いずれにしても、奥の深い難しいステップと美しい音楽を楽しみ、体がさらに鍛えられるという楽しい趣味を今も続けている。


ついでながらもう一つの趣味は、十数年続けている神戸外大時代のテニス部仲間や新しい仲間との英語での名著読書会である。アダム・スミスやカール・マルクスの経済学から始まり、ＤＮＡや宇宙論などの自然科学、そしてシェイクスピアやヘミングウェイなどの英米文学まで幅の広い読書会を旧友たちと続け、自身の視野を広める努力を続けている。参考までに、巻末にこれまで取り上げた書籍のリストを添付しておく。

あとがき――今日までの〝奇跡〟の連続に感謝！

さて、私の半生とメイプロの歩みを約二〇〇ページにまとめるのは至難の業であった。ドラマティックな出来事はやはり創業期に数多く起こるため、後半は若干、駆け足になってしまったようだ。読み終えられて、どんな感想をお持ちになっただろう。

――ここまでメイプロの軌跡を振り返ってみると、私がわずか五〇〇〇ドルで始めたメイプロは、一応の成功を手にしたと言っていいかもしれない。

冒頭に書いたように、異国の地アメリカで、一代で私以上の事業を築いた日本人を私は知らない。しかし、私はまだまだこれで満足はしていない。上を見ればいわゆるＧＡＦＡ（グーグル、アップル、フェイスブック＝メタ、アマゾン）などのような売上高数千億ドルもの企業がたくさんあって、まだまだメイプロは小さな、小さな会社に過ぎない。

メイプロも私もまだまだ現在進行形で、これからも成長し続ける。

そんな今、私が思うことは、人がこの世に生まれ、たった一回きりの人生、八〇～一〇〇歳を生きられるということは、想像もできない〝奇跡〟の連続であるということだ。故に、たった一回きりの人生を素晴らしいものにすべく、誰もが大事に生きて欲しい。

私は外国で生を享け、日本で育って再び外国で生き、会社を興して世界中を相手にビジネスをしている。それ自体が奇跡のようなライフストーリーであるが、何も奇跡は私だけに起こるわけではなく、誰にでも起こる。ただし、何もしないで待っているだけでは奇跡は起こらない。何度も書いたように、強烈な願望を持って願い続けて行動すれば、神様はきっと奇跡を起こしてくれると思う。

私は若い頃から知恵を絞り、夢を実現しようとしてアイデアを捻り出し、成功するために必死になって懸命に努力してきた。それでも、本書をお読みになった方はお分かりになっていただけると思うが、私はそれを少しも辛いとは思わなかった。

なぜなら、夢を実現することほど楽しいことはないからだ。

この本を手に取られた方の中には、将来、どうしたら夢を実現できるか悩んでいる方もいらっしゃるだろう。悩むのもいいが、強い願望を持って一歩踏み出して欲しい。

一歩踏み出して、自分の手で奇跡を起こしてみるのは如何だろう？

それで本当に奇跡が起きたら、これほど楽しいことはないからだ。

私の少年時代、自信を失っていた頃に、『幸福論』などで知られるフランスの哲学者アラン（エミール＝オーギュスト・シャルティエ）の本を読んだ。

アランはある本の中で、人生とは彫刻のようなもので、一本の原木から、いかに全力を尽くして立派な彫刻を作り上げるかが大事だと言っていた。

また、武者小路実篤は、あなたは父親と母親が奇跡的に巡り合って生まれた、父親と母親のそのまた両親も同じで、人間はそういうことの繰り返しで生をつないでいく。それは奇跡であり、奇跡から生まれた大事な命を一生懸命に生きなさいと言っていた。

ホモサピエンスは約三〇万年前に生まれたが、私の最近の計算によると、女性が平均一八歳で子供を産むと仮定して、あなたが生まれるまでには何と一万六六六七回も男女が巡り合うことが必要なのである。あなたが生まれたという事実は、まさに奇跡なのだ。

誰もが一生懸命生きるように、私も今日まで必死に生きてきた。メイプロが今日あるのは、その賜物である。でも、一生懸命生きているのは私だけではないし、たままたメイプロが奇跡だったわけでもない。

あなたも、あなたなりの奇跡を起こして、夢を実現して欲しいと願っている。

本書はもともと、メイプロの社員、私の子孫、そして同じ業界の方々の参考になるようなつもりで書いたものだが、それだけでなく、〝海外で起業したい〟と夢見る若い方々にとって少しでも参考になるようならばこの上ない喜びである。


私は少年時代の夢通りに今も生きている幸せな男である。

最後に、今から約半世紀前、私が会社を辞めて独立すると告げた時、反対するのではなく背中を押してくれた妻と家族、そして、今日までメイプロインダストリーズを支えてくれた社員と取引先の方々には感謝の意を表したい。

そして、私の人生とビジネスの師・稲盛和夫塾長に本書を捧げたいと思う。

二〇二二年一〇月九日

スティーブ山田

【メイプロフィロソフィ50カ条】

1. 潜在意識にまで透徹する強烈な願望を持ち続け行動する
2. 世界中の誰よりも先に情報をつかみ、世界中の誰よりも先に行動を起こす
3. 誰にも負けない努力をする
4. 値決めは経営
5. 人生・仕事の結果＝考え方×熱意×能力
6. チームワークが非常に重要
7. 成功するまで決して諦めない
8. チャンスはすべての人に与えられる。ただチャンスを待つのではなく、強烈な願望と情熱を持って自らチャンスを作りだす努力を続けることも大切。チャンスは逃さない
9. 常に創造的であること
10. 日々、刻一刻と新しい知識の獲得に務め、その分野で深め、関連分野に広げ、自分の血肉化し、人生・仕事に応用、実践して行く

11. 心身の健康を保ちさらに推進するための独自の方法を探す
12. コスト意識を強め、投資収益率意識を高める
13. まず自分自身が信頼できる人間になる。そしてできるだけ多くの善い人と会い、長く続く信頼関係をできるかぎり築く。信頼がないところにビジネスや人生の成功はない
14. 人間の無限の可能性を追求する。能力を未来進行形でとらえる
15. たとえ今のところビジネスが好調だとしても、常に危機意識・飢餓意識を持ち続けること
16. 仕事と人生において大成功を遂げたいのであれば、誰にも負けない努力をしなければならない。また何かを犠牲にする必要もある
17. 大家族主義で経営する
18. 実力主義に徹する
19. 仕事を好きになる
20. 渦の中心になれ
21. 土俵の真ん中で相撲をとる
22. 現場主義に徹する

23. もうダメだという時が仕事の始まり
24. 有言実行でことにあたる
25. ガラス張りで経営する
26. ダブルチェックの原則を貫く
27. 独創性を重んじる
28. 常に謙虚にして驕らず
29. 楽観的に構想し、悲観的に計画し、楽観的に実行する
30. 自らを追い込む
31. 心に描いた通りになる
32. ターゲットを周知徹底させ、よく理解させる
33. 常に倹約を心掛けるが、必要な時には思い切って使う
34. 健全資産の原則を貫く
35. ビジネスと人生で成功するために「メイプロフィロソフィ」を理解し、実践し、人に教えるのと同時に、あなた自身の価値観に基づいて、あなたの趣味、休暇、私生活を楽しむべきである

36. 家族関係は仕事と個人的生活をうまくいかせるための基盤。自分の家族を大切にする
37. 小善は大悪に似たり、大善は非情に似たり
38. 公私のけじめを大切にする
39. いったん決定が下されたならば、スタッフと監督責任者は経営陣の満足がいくまでその決定を実行することが期待される
40. 部下の得意な分野ではできる限り任せ、苦手な分野では完全には任せない
41. 収益性の高い売上はほとんどの問題を解決する
42. ものごとをシンプルにとらえる
43. 最も重要なことは、メイプロ独自の機能を維持しながら、新しい機能も創出し、自分たちの優れた機能とサービスを提供し続ける
44. 大胆さと細心さを併せ持つ
45. 利他の心を判断基準にする
46. ベクトルを合わせる
47. 全員参加で経営する
48. 見えてくるまで考え抜く

【ENGLISH READING CLUB 一覧表】

年	タイトル	著　者
2008	国富論	アダム・スミス
2009	資本論	カール・マルクス
2009	十二夜	ウィリアム・シェイクスピア
2009	種の起源	チャールズ・ダーウィン
2010	相対性理論	アルベルト・アインシュタイン
2010	人間の由来	チャールズ・ダーウィン
2010	月と六ペンス	ウィリアム・サマセット・モーム
2010	孫子の兵法	
2011	説得論集	ジョン・メイナード・ケインズ
2011	創世記「旧約聖書」	
2011	出エジプト記「旧約聖書」	
2011	レビ記「旧約聖書」	
2011	民数記「旧約聖書」	
2012	申命記「旧約聖書」	
2012	グレート・ギャツビー	F.スコット・フィッツジェラルド
2012	ヨハネの黙示録「旧約聖書」	
2012	プロテスタンティズムの倫理と資本主義の精神	マックス・ウェーバー
2012	リチャード3世	ウィリアム・シェイクスピア
2013	人生の短さについて	セネカ
2013	経済学及び課税の原理	デイヴィッド・リカード
2013	日本奥地紀行	イザベラ・バード
2013	夜と霧	ヴィクトール・フランクル
2014	日はまた昇る	アーネスト・ヘミングウェイ
2014	Microbe Hunters（原題）	Paul de Kruif
2014	DNA	ジェームズ・ワトソン
2015	怠惰への讃歌	バートランド・ラッセル
2015	ホーキング、宇宙を語る	スティーブン・ホーキング
2015	武士道	新渡戸稲造

2016	Keynes Hayek（原題）	Nicholas Wapshott
2016	ヨブ記「旧約聖書」	
2016	マクベス	ウィリアム・シェイクスピア
2016	雨	ウィリアム・サマセット・モーム
2016	赤毛	ウィリアム・サマセット・モーム
2017	Courage（原題）	ジェームズ・バリー
2017	Wild Animals I Have Known（原題）	Ernest Thompson Seton
2017	日本における一外交官	アーネスト・サトウ
2017	猟人日記	イワン・ツルゲーネフ
2018	菊と刀	ルース・ベネディクト
2018	バスカヴィル家の犬	アーサー・コナン・ドイル
2018	生命とは何か	エルヴィン・シュレーディンガー
2018	緋文字	ナサニエル・ホーソーン
2019	ファーブル昆虫記	ジャン・アンリ・ファーブル
2019	野性の呼び声	ジャック・ロンドン
2020	原因と結果の法則	ジェームズ・アレン
2020	1984	ジョージ・オーウェル
2020	動物農場	ジョージ・オーウェル
2020	ペスト	アルベール・カミュ
2020	利己的な遺伝子	リチャード・ドーキンス
2021	冷血	トルーマン・カポーティ
2021	ビーグル号航海記	チャールズ・ダーウィン
2021	二都物語	チャールズ・ディケンズ

著者プロフィール

スティーブ山田 (Steve Yamada)

1942年12月19日、タイ・バンコク生まれ。本名＝山田進。第2次世界大戦後の1946年5月に帰国する。1961年3月、兵庫県立神戸高等学校卒業。1965年3月、神戸市外国語大学英米学科卒業後、化学品専門商社に入社。1968年3月大阪市立大学経済学部卒業、1971年2月、同社米国法人に駐在員として赴任。1974年、バルーク・ビジネス・スクールでMBAを取得。1977年、同社を退職後、1977年9月1日、メイプロインダストリーズを創業する。その後、クオリティ・オブ・ライフ・ラボUSA、メイプロ・ジャパン、メイプロ・チャイナ、クオリティ・オブ・ライフ・ラボ・ジャパンなどを設立し、現在に至る。

※メイプロその他の関連するアドレス

1. https://www.maypro.com/
2. http://www.maypro.co.jp/
3. https://www.qualityoflife.net/
4. http://qol-lab.co.jp/
5. https://bijin-tsuhan.com/
6. https://www.ahcc.net/
7. https://www.oligonol.info/
8. https://etasingredient.com/
9. https://www.microactiveingredients.com
10. https://www.jd.hk/
11. https://mingpinjie.com/pinpai-qollabs/

潜在意識にまで透徹する強烈な持続した願望を抱いて行動する！
稲盛フィロソフィで描いた夢をアメリカのサプリメント事業で実現した日本人

2023年１月15日　初版第１刷発行

著　者　スティーブ山田
発行者　瓜谷 綱延
発行所　株式会社文芸社
〒160-0022　東京都新宿区新宿１－10－１
電話　03-5369-3060（代表）
03-5369-2299（販売）

印刷所　図書印刷株式会社

ISBN978-4-286-26049-5